Scratch 3.0
多媒體遊戲設計
& Tello 無人機

TELLO

Scratch！多媒體遊戲設計

我錯了！大多數從事 Scratch 教學、著作的老師都錯了！ Scratch 並不是程式設計工具，國小、國中、高中學生也不應該學程式設計，當全世界頂尖國家都將程式設計課程提早到小學的當下，我的說法是否不負責任、甚至無知！

台灣的少棒、青少棒、青棒揚名國際，台灣職棒卻連世界的尾巴都沾不上！ Why…Why…Why…？（連 3 壞），在美國多數家庭、小孩對於 Sports 的態度是：Play、Game For Fun！但在台灣卻完全不是那麼一回事！它變成宣揚家威、校威、國威的工具，因此少棒選手從小打球就是為了名次，棒球不再是一種運動、不再帶來快樂！揠苗助長的結果，小選手的運動生涯就提前報廢了！

程式設計也是一樣，偉大的教育專家們又是那一套「中學為體、西學為用」，引進先進國家的教育體制，卻無視國內畸形教學生態，Scratch 又被當成程式設計語言在教，還在介紹功能、指令、邏輯！

Scratch 的出現讓我雀躍！原來「程式設計」可以是那麼有趣！以遊戲設計、快樂學習為出發點，不必管指令、邏輯、直覺的樂高拼圖組裝，回到學徒教育的初衷：「做中學」！
5 分鐘就有成果，一個令人有成就感的「動作」，再組合為一個「小作品」，但如果還是那一套台式教育思維，將學習當成一種目的，違反 Scratch 基本精神，那 Scratch 對於台灣學生而言仍是一場災難！

知識分享
林文恭、吳進北
2020/02

致謝

本書完成，感謝 3 位合作夥伴：

吳進北老師

是筆者合作十幾年的伙伴，對本書貢獻如下：

▶ 範例提供

▶ 程式指令除錯

▶ 系統分析概念提供

萬能科大資管系

是筆者教職生涯 25 年的伙伴，對本書貢獻如下：

▶ TELLO 無人機提供

▶ TELLO 軟體安裝、設定指導

▶ 玩 TELLO 的經驗分享

在無人機、機器人教學、比賽都有豐富的經驗，更是大小比賽的常勝軍，更熱衷於提供國中、高中老師的技術諮詢與授課協助！

治平高中商科

是本書寫作過程的實驗對象，感謝徐淑芬主任與 6 位小幫手！

推薦序

108 新課綱科技領域之課程規劃旨在培養學生的科技素養，以學生的生活經驗及學習興趣為基礎，透過問題解決與實作的過程中培養學生「設計思考」與「運算思維」的知能。前者是著重學生使用科技產品動手做的能力及批判思考能力。後者係透過資訊應用的學習，訓練系統化邏輯思考能力。

林文恭老師的大作 Scratch 3.0，把實際情境引入到教學內容中，生動有趣使教學更容易，問題導向所學即所用。文中撰寫 TELLO 無人機操控，經由 TELLO 無人機程式遙控，擴增了 Scratch 的應用能力，本書把生硬的程式設計課程變好玩了！

萬能科技大學資訊管理系因應專業特性、社會及產業需求，發展「電子商務」與「多媒體設計」兩大主要特色課程規畫，培養學生具備資訊專業應用能力人才。除了教學之外，本系與航空城優質廠商合作，強化產學合作，提供學生航空、資訊、電商等領域全年度實習，增加學生就業競爭機會。

萬能科技大學資訊管理系 (所)

施伯勳 教授 http://www.im.vnu.edu.tw/

Scratch！

它不是程式設計工具

它是遊戲設計平台！

程式設計是苦悶的！

遊戲設計是愉悅的！

這是一本以 Scratch 為工具

介紹遊戲設計的書

結合 TELLO 無人機

讓學習樂趣飛上天

全書教學影片

http://gogo123.com.tw/?page_id＝10787

目錄

認識 Scratch

» 模擬水族箱中小魚悠游

» 悠遊的小魚

» 自然的氣泡聲

Scratch 簡介

ⓒ 麻省理工學院

Scratch 是由 MIT（麻省理工學院）設計，是學習程式設計入門的工具，介面操作 100％圖像式，採用 LEGO（樂高）組合方式作程式設計，傳統的指令轉化為如同樂高一樣的積木元件，將不同功能的元件組合在一起即可完成程式設計。

系統提供：舞台、角色、造型、音效、…，因此設計互動式有趣小遊戲不需要大費周章，3～5 分鐘就可讓學習者體驗到遊戲設計的成果，是一種興奮、一種成就感！

Scratch 是完全免費、免安裝、只要瀏覽器就能使用的系統，讓您的作品可與全世界的人分享，您也可以參考所有網路上的作品，這是一個極其友善的學習環境！

ⓒ 分享的概念

老中的財產→死後變遺產→養出一個不成材的富二代！

老外的財產→死後變捐款→形成富而好禮的公義社會！

由上面的價值觀很容易看出西方人相較於東方人的發展優勢，中國人根深蒂固的「祖傳祕方」觀念，對於個人、組織、國家的長遠發展都是不利的，在 Scratch 系統分享架構下，所有積極參與者都可以享用無限的資源，並將自己作品分享給所有人，這對於全人類的進步將產生巨大的貢獻，在此與所有老師、學生共勉：「態度決定高度」，一個心胸狹窄、藏私的人是不可能成就大事業的！從今天開始，與我們的同事、同學真心合作，共同成長！

在學習程式設計的過程中更是需要朋友、分享、互相激盪，讓學習這件事由寂寞、枯燥轉化為樂趣與成就！

ⓒ Scratch 2 個解釋

- ■ 用貓爪撓：
  用貓爪都能寫出程式→簡單。
- ■ 草稿：
  它是一個快速建立模型的系統。

Scratch 2

Scratch 3

系統安裝與使用

ⓒ 系統簡介

Scratch 是一個不需要執行「軟體安裝」的系統，只要使用瀏覽器進入 https://scratch.mit.edu 網址，就可使用 Scratch 執行遊戲創作，因此在使用上沒有環境、地點、時間的限制，只要能上網即可。

沒有建立使用者帳號一樣可以使用，只是無法將完成作品存放在網站上與人分享，若能夠建立使用者帳號，後續的作業將會非常方便，所有存取、編輯都在雲端。

ⓒ 進入 Scratch 系統

■ 在 Google 搜尋：scratch，點選第 1 個連結（mit 官網）

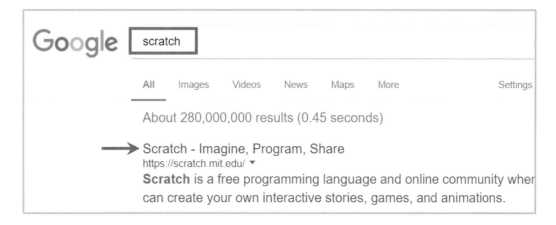

■ 點選：建立帳號

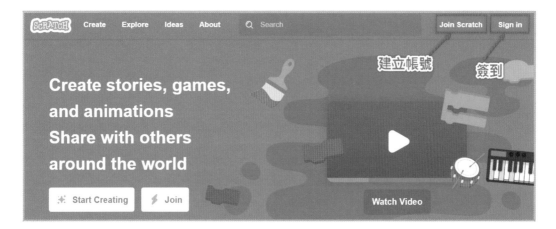

使用 Scratch 並不一定要建立帳號,但建立帳號可以讓使用者將作品儲存在雲端,供別人分享,更讓自己方便在任何電腦都可取用或編輯自己的作品。

◎ 建立帳號

1 帳號、密碼

加入 **Scratch**

註冊一個 Scratch 帳號,簡單而且不用錢!

選一個 Scratch 用戶名稱		不要用您的真實姓名
選一個密碼	wklin5027	
確認密碼		

2 個人資料

加入 **Scratch**

你的作答內容不會被公開。

為什麼我們需要這項資訊 ❓

出生年和月	二月 ▼	1961 ▼
性別	◉男 ○女 ○	
國家	Taiwan ▼	

3 e-mail

加入 **Scratch**

請輸入您的信箱,我們會寄發驗證信件給您。

電子信箱	wklin5027@gmail.com
確認信箱位址	wklin5027@gmail.com

4 完成

■ 點選上圖「好了，讓我們開始吧！」，順利進入建立帳號：

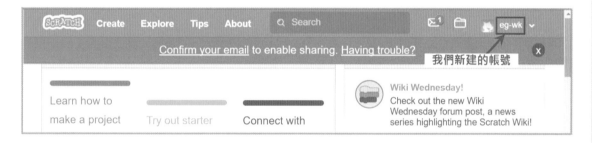

說明 網路版的 Scratch 首頁是英文操作介面，一旦建立新專案，便可更改為中文操作介面。

Ⓒ 建立新專案

1 點選：Create（建立新專案）

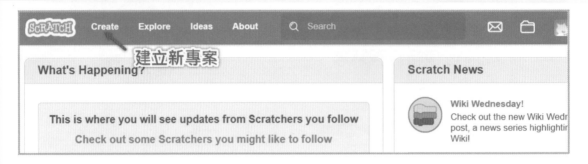

2 新專案的檔案名稱：Untitled-X（未命名）

　　提供舞台：白色背景、角色：貓咪，如下圖：

3 設定中文操作介面：

　　點選：地球圖示

　　將滑鼠游標置於最後一樣項目下方

　　（項目向下捲動）

　　點選：繁體中文

中文介面

⊙ 下載、安裝離線（單機）版 Scratch

目前全世界各地區還存在很大的資訊落差，落後國家的網路通訊還不夠完善，因此 Scratch 也提供離線單機版本，為了教學環境單純化，許多老師會選擇使用離線版 Scratch 教學，除了作品分享的差異之外，網路版、離線版的功能及操作介面都是一致的。

1 回到 Scratch 首頁，捲動至網頁最底端

點選：離線編輯器

說明 若介面沒有轉換為繁體中文，則選擇：Offline-Editor。

2 點選：Windows（系統自動偵測到）

3 選取 Direct Download（直接下載）：

4 開啟檔案總管
切換到下載區
執行：Scratch Desktop …

5 完成安裝後
桌面上多了 Scratch 3 捷徑圖示
如右圖：

後續教學我們就使用離線版！

Scratch 操作介面

◎ 視窗切換

Scratch 3 提供 3 種視窗配置模式：A. 標準模式　B. 程式模式　C. 舞台模式，請參考下圖，視窗右上方 3 個鈕可切換視窗！

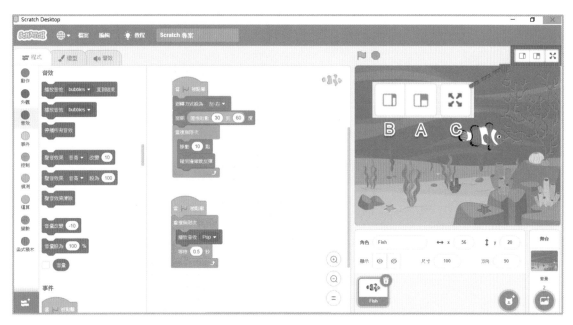

■ 標準模式：

積木區、指令區、舞台區做平均分配。

進行小專案時通常採用此模式。

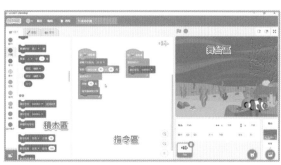

■ 程式模式：

指令區占較大範圍。

進行大專案需要專注於指令編輯時，通常採用此模式。

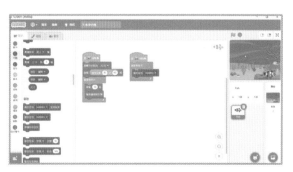

■ 舞台模式：

只出現舞台區。

需要仔細觀察動作效果時，才會採用
此模式。

© 3 種作業

在 Scratch 系統中主要執行 3 種作業：

    A 程式設計

    B 造型設計

    C 音效設計

這 3 種作業使用不同的工具，因此每一種
都有獨立的操作視窗。

■ 程式視窗（如右圖）

■ 造型視窗

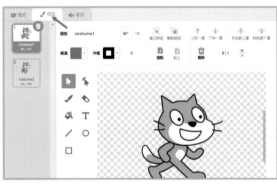

■ 音效視窗

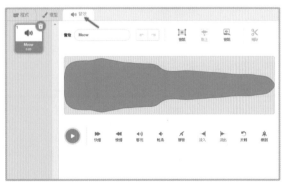

ⓒ 舞台（背景）

展示程式執行結果的區域稱為舞台，舞台上可以做預先的布置，我們稱為【背景】。

右圖就是系統預設：

A 無背景的空白舞台

B 角色：貓

舞台只有一個，但可搭配多個背景，或利用指令切換背景。

建立背景 4 種模式

A 選個背景：

由系統提供的精美範例中選用。

B 繪畫：

利用系統繪圖工具，自行繪製。

C 驚喜：

由系統範例中隨機挑選。

D 上傳：

由自己的電腦檔案中挑選。

背景的操作

■ 建立背景圖之後，視窗會自動切換到【背景】標籤（如右圖）。

■ 右圖左側看到 3 個背景圖，最下方的 3 號是作用中的背景圖。

■ 點選圖片右上角的【垃圾桶】即可刪除背景圖片。

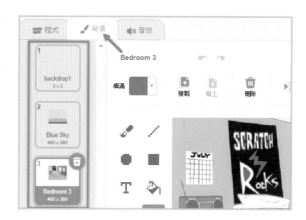

■ 處理背景相關指令：

　A 以【背景圖名稱】切換背景

　　以【變數】切換背景

　　例如：第 2 個背景圖

　B 循環式切換背景

　　一般配合【重複】指令使用

　C 取得目前作用中背景的編號

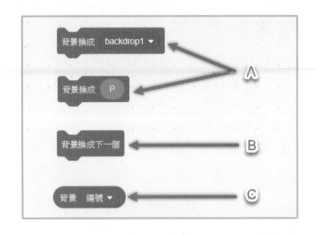

Ⓒ 角色（造型）

舞台上的表演者稱為【角色】，舞台上可以有多個角色同時表演，系統預設的角色就是【貓】，請參考右圖左下角第 1 個圖。

■ 建立角色的方法與建立背景是完全一樣的。

■ 每一個角色可以有多個造型，如右圖中 Fox 角色就有：走、坐、臥 3 種造型。

■ 一個角色多個造型連續播放就是動畫效果的基本原理。

　右圖：蝙蝠飛行的動畫組合。

■ 處理造型相關指令：

　A 以【造型圖名稱】切換造型

　　以【變數】指定

　　例如：第 2 個造型

　B 循環式切換造型

　　一般配合【重複】指令使用

　C 取得目前作用中造型的編號

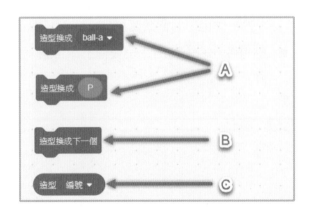

ⓒ 音效

音效的建立與背景、角色、造型的建立方式都是相同的，只是使用的編輯工具不同。

- 必須先點選【音效】標籤，才能進行所有音效的操作。

- 操作 4 個模式同樣是：
  - A 選個音效
  - B 錄製
  - C 驚喜
  - D 上傳

- 系統預設的角色是貓，因此預設的音效是貓叫：Meow（喵），隨著使用者挑選的背景、角色不同，系統會自動附上不同的音效檔。

- 系統提供的簡易音效編輯工具如下圖：

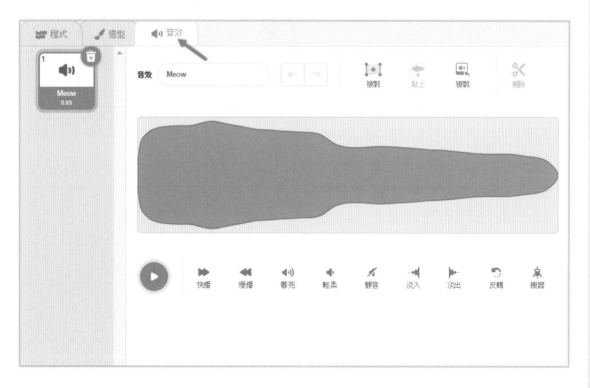

繪畫功能

- 無論是在背景、角色模式下
  點選：造型標籤
  就可以進入如右圖的繪圖模式

背景、角色、造型都可以透過【繪畫】功能介面來建立或編輯。

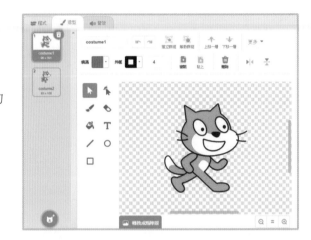

圖片模式

繪圖區中的圖片分為 2 種不同的模式：點陣圖、向量圖，這 2 種模式可互相切換。

由於 2 種圖片屬性不同，可編輯功能自然不同，因此工具列內的工具有很大差異，請參考右圖：

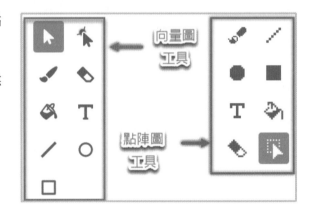

向量圖

圖片是由許多小單元圖片所組成，例如右圖的貓，可分解為 5 個單元：頭、右手、左手、右腳、左腳。

貓頭又可分解為：黃色頭皮、左眼、右眼、下巴、嘴巴、…。

每一個小單元可單獨編輯，也可將數個單元組合後整合編輯。

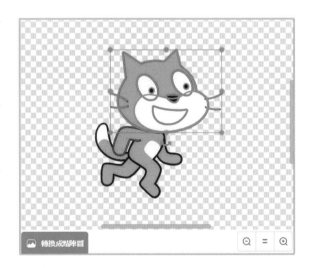

右圖就是用來組合或分解圖片單元的 2 個
工具,【建立群組】與【解散群組】功能
及方法和大家熟悉的 MS-Office 是一樣
的。

填色範例

1 選取【填滿】工具
2 將滑鼠移至右眼
  點一下
■ 右眼上色如右圖:

放大、縮小範例

1 選取【選取】工具
2 將滑鼠移至貓頭上點一下
3 拖曳右上角控點(如箭頭方向)
■ 貓頭縮小如右圖:

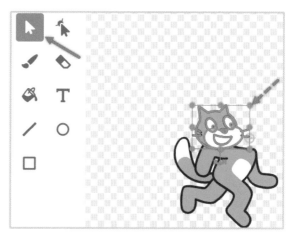

改變形狀範例

1 選取【重新塑形】工具
2 以滑鼠點選右眼
3 拖曳右眼上的控點(如箭頭方向)
■ 貓眼改變形狀如右圖:

點陣圖

點陣圖無法將圖片拆為幾個小單元，也無法組合小單元為大單元，因此可使用的編輯功能相對簡化，舉例如下：

- 圖中同樣將貓的左眼【填滿】紫色，但無法改變眼睛的形狀、大小。
- 上面的【填滿】功能只能在封閉空間中進行，例如：眼睛、嘴巴。
- 由於整張圖是一個單元，因此無法和向量圖的範例一樣，僅針對手、腳、頭分別作局部放大或縮小。

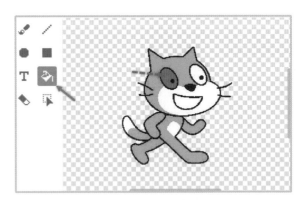

檔案匯出、上傳

背景、角色、造型、音效，這 4 個多媒體檔案完成設計後，都可以單獨存檔匯出，以便日後自己使用或分享他人，作業方式完全相同：

- 在檔案按右鍵
  選取：匯出
  輸入檔名：xxxx

> **說明** 造型匯出檔案的附檔名：svg。
> 角色匯出檔案的附檔名：sprite3。
> 音效匯出檔案的附檔名：wav。

- 日後需要背景檔案時：選個【背景】→上傳，檔案→ xxxx
  日後需要角色檔案時：選個【角色】→上傳，檔案→ xxxx
  日後需要造型檔案時：選個【造型】→上傳，檔案→ xxxx
  日後需要音效檔案時：選個【音效】→上傳，檔案→ xxxx

NOTE

專案企劃

發想

模擬：水族箱中游來游去的魚
角色：魚
舞台：水族箱
動作：A. 一直往前游
　　　B. 自動轉向
　　　C. 游上游下

建立舞台背景

我們需要的舞台背景：水族箱，由範例庫取得。

1 點選：舞台
2 點選：選個背景鈕（視窗右下角）

3 選取：水中 → Underwater 1

■ 舞台上顯示【背景】如右圖：

4 刪除預設空白背景

　選取：背景標籤（視窗左上角）

　刪除：空白背景

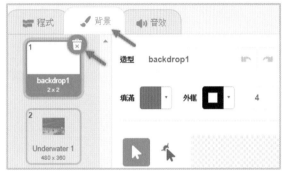

> **說明** 舞台可以搭配多個背景，並且可以切換或輪播，因此系統預設的空白舞台，
> 先放著不要刪除也無妨，只要選擇 Underwater 1 為作用中背景即可。

ⓒ 建立角色

角色：魚，由範例庫取得。

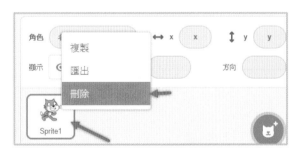

1 刪除預設角色：貓

　在【貓】上按右鍵：刪除

　或點選【貓】右上角的垃圾桶圖示

2 點選：選個角色→選個角色

3 選取：動物 → Fish

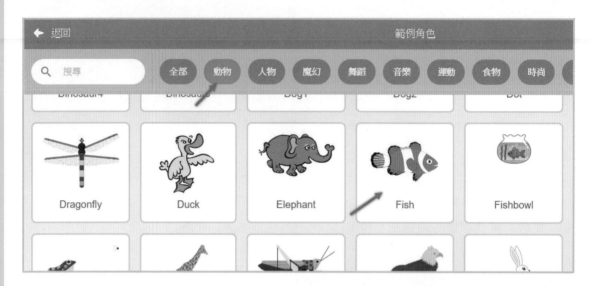

- 產生角色如右圖：

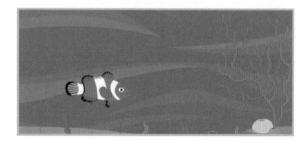

- 切換到：造型標籤

  就可看到一個 Fish 角色

  包含 4 個造型，並且可以切換輪播！

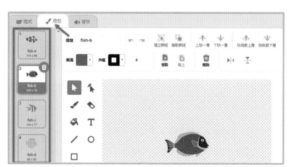

角色：魚

魚的動作：游來、游去、游上、游下

魚的狀況：遇到水族箱的上、下、左、右邊緣就要轉向

動作 1：移動

1 點選角色：Fish

　　點選：程式標籤

　　請注意：程式區的右上角會顯示 Fish 圖片

> **說明** 每一個角色的動作設計（程式）視窗都是獨立的，因此設計動作之前必須先選取角色，在該角色的程式視窗中進行動作設計。

2 切換到程式標籤，事件→當 ▶ 被點擊，將積木拖曳至程式區，如下圖：

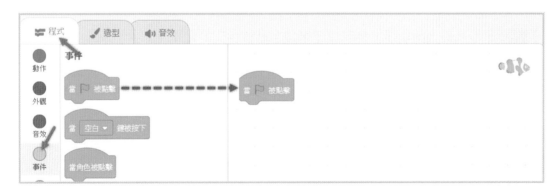

> **說明** 設定：點擊 ▶，執行程式 → 讓魚「開始」游來游去。
> 執行程式的方法有許多種，最常用的是：當 ▶ 被點擊。

3 動作→移動 10 點

拖曳動作如右圖：

功能說明 01：動作→移動、定位、滑行…

讓角色移動的方法有以下 6 種：

A 移動【 】點

B 定位到：X:【 】Y:【 】

C 定位到:【 】位置

D 滑行【 】秒，到：X:【 】Y:【 】

E X 改變【 】、Y 改變【 】

F X 設為【 】、Y 設為【 】

測試：

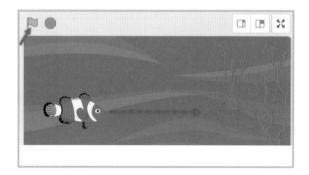

- 每點一下 ⚑ → 移動 10 點

  請連續點選 ⚑ 試試看 …

  （角色移動的預設方向：左→右）

　說明 程式最大的功能就是可以【重複】執行相同的動作。

當然！魚應該是可以【一直】往前游的！

Ⓒ **動作 2：連續移動**

1 控制→重複 10 次

拖曳動作如右圖：

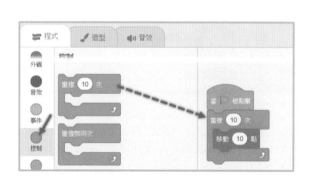

功能說明 02：控制→重複

重複的方法有以下 3 種：

A 重複【 】次

B 重複無限次

C 重複直到【 】

　　說明 移動 10 點被包覆於重複 10 次內，因此移動 10 點將重複執行 10 次。

我們希望魚**不斷地**游來游去，並不是單純由左向右移動 10 次。

2 將重複 10 次向下拖曳

　　脫離當 🏳 被點擊

　　將移動 10 點向右拖曳

　　脫離重複 10 次

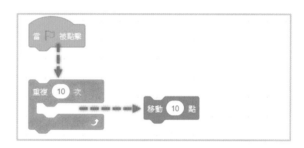

3 控制→重複無限次

　　拖曳動作如右圖：

　　將移動 10 點拖曳到重複無限次內

4 刪除重複 10 次

測試：

■　點擊：🏳

　　魚一路往右游過去

　　直到消失於舞台右邊

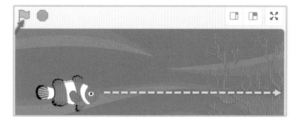

　　說明 魚游到邊界，應該可以聰明的【轉向】！才符合游來又游去！

功能說明 03：積木編輯技巧

- **更換：**
  將積木拖曳離開上方積木完成更換後，再將新積木拖曳回到原位置。

- **複製：**
  在積木上按右鍵→複製。

- **請注意：**
  積木下方同一層級的積木全部被複製，若是只有某一段動作需要複製，必須先將該段落積木拖曳出來。

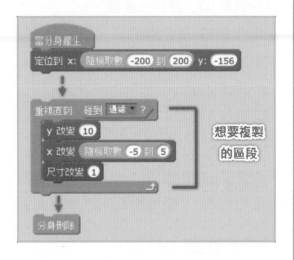

動作 3：邊界反彈

1 動作→碰到邊緣就反彈
  拖曳動作如右圖：

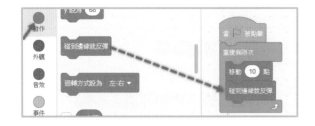

功能說明 04：動作→碰到邊緣就反彈

使用【碰到邊緣就反彈】功能時，系統會自動計算反射角度：

範例 1： 往右行進角度 90 度
　　　　　遇到右邊緣→反彈角度 -90

範例 2： 往右上行進角度 60 度（如右圖）
　　　　　遇到上邊緣→反彈角度 120 = -60

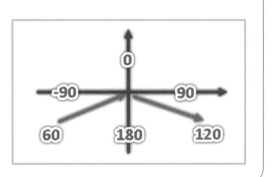

測試：

■ 點擊：🚩

　魚一路往右游過去

　遇到右邊界反彈…

　魚肚向上翻…

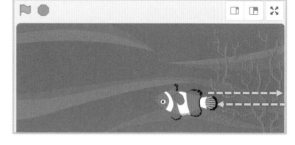

2 動作→迴轉方式設為【左 - 右】

　拖曳動作如右圖：

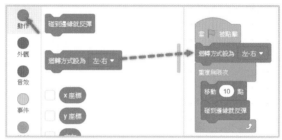

> **說明** 迴轉方式設為【左 - 右】可以讓魚在反彈時，造型不會上下顛倒。
>
> 迴轉方式設為【左 - 右】只需要在程式開始時設定一次，因此不需要置於【重複】
> 指令內。

功能說明 05：動作→反彈→迴轉

使用【碰到邊緣就反彈】功能時，反彈的同時角色會作
【迴轉的動作】。

迴轉的方法有以下 3 種：

A 左右　　　　　　　**B** 不旋轉　　　　　　　**C** 不設限

ⓒ 動作 4：上、下移動

魚在左、右移動的同時，若也能上、下移動，將使魚的動作更為自然！

1 動作→面朝【90】度

拖曳動作如右圖：

2 將【90】改為【60】

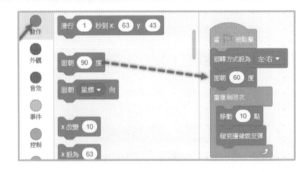

測試：

■ 點擊：🏴

魚就會以 60 度角移動

碰到邊界就反彈

路徑如右圖所示

功能說明 06：動作→面朝、右轉、左轉

改變角色的方向有 2 種方式，效果是一樣的：

A 指定方向：【面朝】

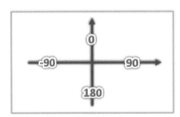

B 增加轉動角度：【右轉】、【左轉】

ⓒ 動作 5：亂數控制方向

每一次執行程式，魚都是 60 度角移動，
顯得不太自然！

1 運算→隨機取數【1】到【10】
  拖曳動作如右圖：
2 更改隨機取數內的參數：
  【1】到【10】→【30】到【60】

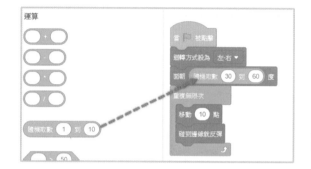

功能說明 07：運算→隨機取數

遊戲設計中多數的狀況都希望系統能提供不同的情境，例如：行進時有時向上、有時向下、有時往右、有時往左，「有時」就是我們的系統功能：【隨機取數】。

範例 1：擲骰子產生 1~6 的數字 → 隨機取數：【1】到【6】
範例 2：抽選撲克牌的任一張 → 隨機取數：【1】到【52】

測試：

■ 點擊：▶
  魚就會以隨機取數：30~60 度角
  不定向的游出去！

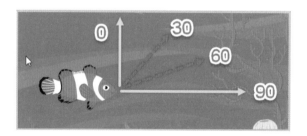

音效

背景小族箱若能加上氣泡的聲音，將會更有 feel 喔！但氣泡的聲音該如何產生呢？Scratch 3 非常貼心，當你選擇 Fish 角色時，系統就附帶送你 2 個音效檔。

☉ 音效產生、編輯

選取：音效標籤

A 看到 2 個音效檔：bubbles（氣泡聲）、ocean wave（海浪聲）

B 音效就如同：角色、背景一樣，都可以經由幾個途徑產生：
範例庫、本機電腦、自行錄製

C 系統提供簡易的音效編輯功能，如下圖：

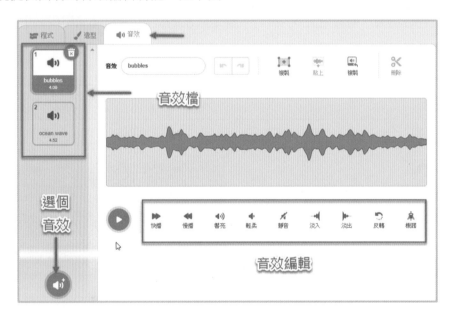

☉ 選個音效

選個音效有 4 個選項：

A 選個音效：範例庫

B 錄音：簡易錄音程式

C 驚喜：隨機給一個音效檔

D 上傳：由本機挑選檔案

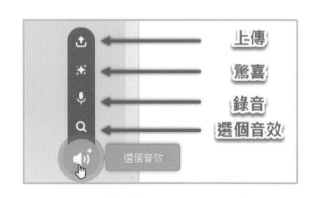

說明 若是找不到自己要的音效，建議可以直接採取「錄製」功能，自己用嘴巴發出此聲音。

⊚ 音效播放指令

右圖是系統提供的 2 個音效播放指令：

■ 播放音效【 】直到結束：整個音效播放完畢後，下方的積木動作才會啟動。

■ 播放音效【 】：音效被播放後，下方的積木動作即刻啟動。

■ 播放音效參數：

【播放音效】指令是一個下拉式選單

上面的項目是目前專案中可選取的音效檔

最下方一個項目是：【錄音】

⊚ 動作：氣泡聲音加入專案內

■ 音效→播放音效【bubbles】

拖曳動作如右圖：

效果：音效播放後，魚就開始游來游去，4 秒鐘後，音樂停止，魚繼續游。

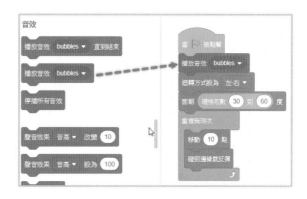

說明 若指令更改為 播放音效【bubbles】直到結束 ：

效果則為：播放 4 秒鐘音效完畢後，魚才開始游來游去。

◎ 動作：重複播放音效

- 建立：事件→當▐█被點擊
  加入：控制→重複無限次
  插入：音效→播放音效【bubbles】

重複播放音效

> 說明 Scratch 系統允許同時進行 2 個事件：
> A. 魚游來游去。
> B. 不斷發出氣泡聲。

檔案存、取

◎ 儲存檔案

- 在系統標題列輸入專案名稱：1- 水中小魚
  選取：檔案→下載到你的電腦（或按 Ctrl + S），指定儲存資料夾

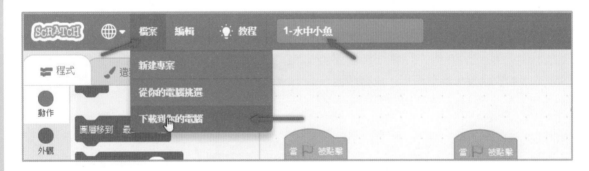

> 說明 若使用網頁版，專案直接被儲存在雲端伺服器中，系統會不斷地儲存並更新，因此不需要特別去作存檔的動作；若使用離線單機版，將專案儲存在自己的電腦上，便必須執行：檔案→下載到你的電腦，千萬記得，必須自行存檔。

◎ 開啟舊檔

下一次要繼續編輯本範例時，就從自己的電腦中開啟檔案：

- 選取：檔案→從你的電腦挑選

  選取：資料夾

  選取：檔案

專案
02

水中的氣泡

專案企劃

發想

模擬：水族箱中氣泡向上飄
角色：氣泡
舞台：沒有氣泡水族箱
動作：A. 氣泡向上移動
　　　B. 氣泡變大
　　　C. 氣泡左右飄移
　　　D. 好多氣泡

建立舞台背景

■ 選個舞台→選個舞台
　　檔案：水中→ Underwater 1

◎ 建立角色

本專案的主角是：氣泡，我們要利用 Scratch 的簡易繪圖工具自行建立角色。

1 點選：角色貓咪

點選：貓咪右上角垃圾桶

（刪除貓咪）

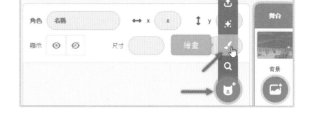

2 點選：選個角色→繪畫

3 點選：【填滿】下拉鈕

顏色：0

彩度：0

亮度：100

設定填滿顏色：白色

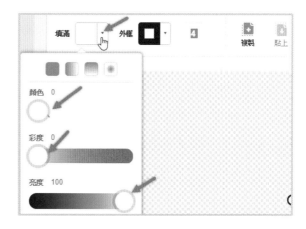

4 點選：【外框】下拉鈕

顏色：0

彩度：100

亮度：0

設定框線顏色：黑色

5 輸入【框線】寬度：4

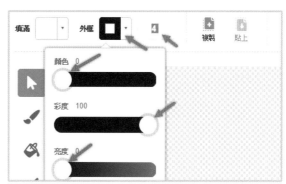

6 點選：【圓形】工具

在繪圖區正中央拖曳一個小圓

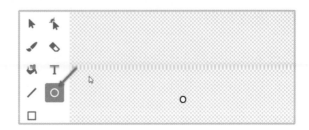

　說明　繪圖區中央有一個小圈，顏色非常淡必須仔細看。

若要將繪製的氣泡圓形拖曳至繪圖區中央，必須先點選：選取工具

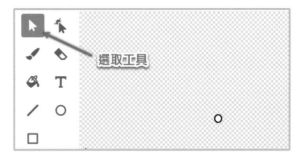

7 輸入角色名稱：氣泡

◎ 動作 1：向上移動的氣泡

水中的氣泡一定是由底部向上飄。

1 點選角色：氣泡

點選：程式

2 將舞台中的氣泡由中央拖曳至下方中間位置，如右圖：

3 事件→當 🚩 被點擊

動作→定位到 x:【 】y:【 】

　說明　先移動氣泡至適當位置，使用 定位到 x:【 】y:【 】 元件時，x、y 軸數據就不用自行設定。

038

功能說明 08：【定位到】與【滑行到】的區別

兩個功能都可讓角色位置產生改變，
【滑行到】的動作比較細膩，是一種連
續位置的改變。

4 控制→重複無限次
　　y 改變【10】
　　參考右圖：

測試：

■ 每點一下 ▶ 號
　氣泡就不斷向上移動
　每一個動作移動 10 點
　最後卡在舞台上方

■ 程式並沒有結束
　因為我們使用【重複無限次】

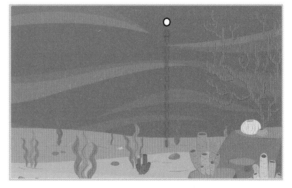

■ 程式外圍有光暈代表程式執行中

　說明 氣泡向上直線移動是不自然
的，應該是左右飄移向上。

外圍有黃色光暈
表示程式執行中

5 刪除：重複無限次元件
  插入：控制→重複直到【 】
  參考右圖：

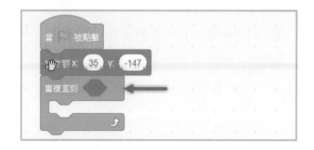

6 動作→ y 改變【10】（嵌入重複中）
  偵測→碰到【 】（嵌入迴圈條件中）
  修改條件為：邊緣

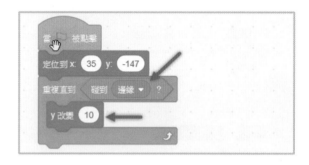

測試：

■ 氣泡上升到邊緣後程式結束

功能說明 09：偵測→碰到【邊緣】

【碰到邊緣就反彈】其實是 2 個動作的組合：【偵測】+【轉向】。

但並非每一次碰到邊緣都必須採取反彈的動作，為了讓遊戲有更多的變化我們就必須使用更細膩的指令，將【偵測】與【動作】分開來寫。

偵測的標的除了邊緣之外，還有很多選擇：

A 碰到：鼠標、邊緣、其他角色

B 角色碰到舞台內顏色 A

C 角色的顏色 A 碰到舞台內顏色 B

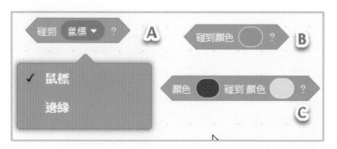

C 動作 2：飄移

1 動作→ x 改變【10】

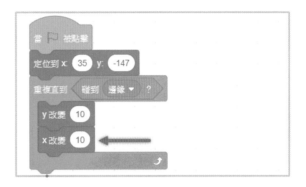

2 運算→隨機取數【1】到【10】

修改參數：-5 到 5

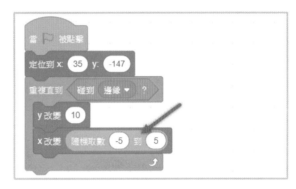

說明 「X 軸改變」採用「隨機取數」就可產生 x 軸的左右飄移效果。

「-5 到 5」是左右漂移的範圍。

3 運算→隨機取數【1】到【10】

修改參數：-180 到 180

說明 「定位到 X:」採用「隨機取數」就可讓氣泡產生時不是在固定位置。

ⓒ 動作 3：氣泡的分身

水族箱中只有一個氣泡不夠逼真，應該有多個氣泡不規則的冒出，【分身】可以讓一個角色產生多個實體。

1 將當 🏳 被點擊下方所有指令拖曳到右下方，如下圖：

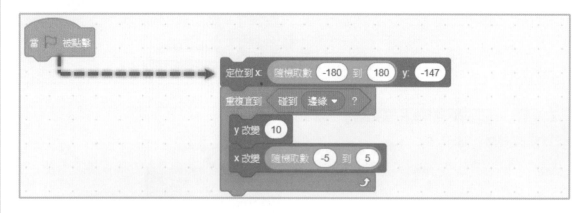

> **說明** 上圖右下方是一個氣泡的標準化動作。

2 控制→重複無限次

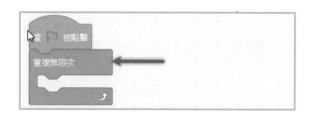

3 控制→建立【自己】的分身

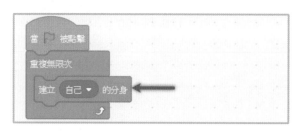

4 控制→當分身產生

功能說明 10：分身

若舞台上只有少數幾個角色在活動，遊戲不容易熱鬧、精彩，如果建立很多角色，使用指令控制角色時又會顯得麻煩，Scratch 的【分身】是一個非常貼心的功能，讓一個角色可以複製出多個實體，例如：1 隻貓變成 10 隻貓，每一隻貓又可以有不同的大小、造型、方向、速度，大大簡化了遊戲設計的複雜度，更提高了遊戲的精彩度。

■ 程式執行流程如下圖：

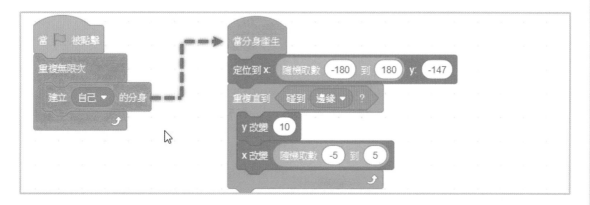

測試：

■ 執行程式結果如圖：

問題 1：

舞台上方堆積了許多氣泡
因為到了上邊界就停住了！

問題 2：

氣泡向上浮起
壓力變小體積應該要變大！

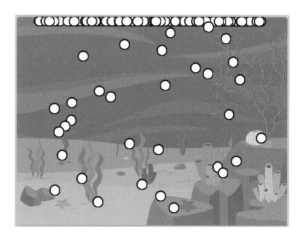

5 控制→分身刪除
外觀→尺寸改變【10】
修改參數：2

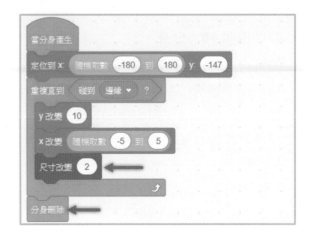

> **說明** 氣泡每上升一次就加大 2，因此放在重複迴圈中。結束氣泡上升後才讓氣泡消失，因此放在重複迴圈下方。

測試：

- 氣泡不斷由下而上冒出，不斷變大、觸頂後消失！
- 總覺得氣泡的體積太大不夠自然。
- 氣泡本尊在舞台下方一動也不動，十分突兀！
- 氣泡數量太多。

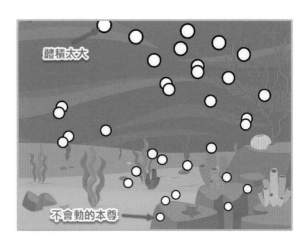

6 外觀→尺寸設為【100】%
修改參數：50
7 外觀→隱藏

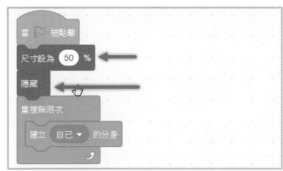

> **說明** 設定本尊大小，隱藏本尊。

8 外觀→顯示

> **說明** 隱藏本尊後，每一個分身也被隱藏，因此必須顯示分身。

9 在主程式加入 ：控制→等待【0.5】秒

在分身程式加入：控制→等待【0.1】秒

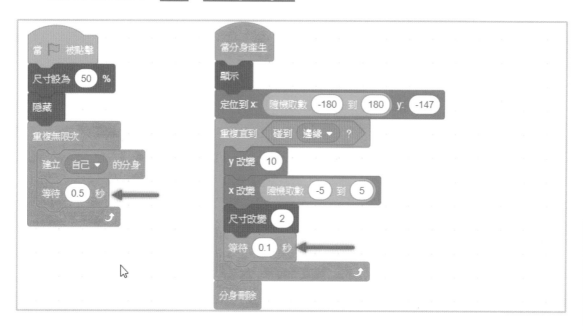

> **說明** 【等待】秒數由讀者自行憑感覺調整。

測試：

■ 氣泡向上漂浮速度適當

■ 舞台上的氣泡數不會太多

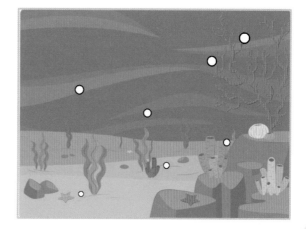

◎ 專案命名

Scratch Desktop

SCRATCH ⊕▼　檔案　編輯　☀ 教程　02-水中的氣泡

◎ 發揮創意

- 請將專案 01：水中的魚、專案 02：水中的氣泡，合併為：水族世界專案。
- 魚的行進：碰到左邊界→魚就從右邊界游出
　　　　　　：碰到右邊界→魚就從左邊界游出

NOTE

吃角子老虎機

專案企劃

發想

模擬：吃角子老虎機

角色：水果窗格

舞台：吃角子老虎機

動作：A. 產生水果分身

　　　B. 遊戲音效

　　　C. 中獎音效

建立舞台背景

1 選個背景→上傳

　　檔案：⋯\pic\slot_machine

2 點選：選取鈕

　　拖曳選取範圍：左側藍色區域

　　點選：刪除鈕

3 拖曳選取範圍：右側藍色區域

　　點選：刪除鈕

4 點選：轉換成向量圖鈕

　　（按鈕切換為：轉換成點陣圖）

5 拖曳圖片四邊的控制點

　　（讓圖片塞滿舞台）

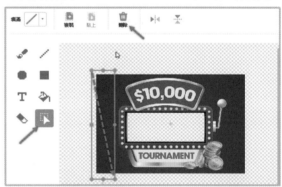

ⓒ 建立角色、造型

我們設計的吃角子老虎機主題為「水果」，轉盤上有 3 個窗口，我們提供 4 種水果：香蕉、西瓜、橘子、蘋果，作為轉盤的顯示內容。

- 角色：水果
- 造型：香蕉、西瓜、橘子、蘋果

> **說明**
>
> • 3 個窗格 4 種水果，因此我們將建立一個角色、4 個造型。
> • 以「分身」來產生 3 個窗格。
> • 以「換下一個造型」來輪流顯示 4 個造型。

1 刪除角色：貓咪

2 選個角色→上傳

檔案：…\pic\ 水果

（包含 4 種造型）

水果的動作

水果機有 3 個格子，每一個格子要隨機顯示 4 種水果之一。

ⓒ 動作 1：1 個格子的水果顯示

設定第 1 個格子水果的起始位置、隨機抽選造型。

1 點選：程式標籤

2 將水果拖曳至適當位置

（目測法約為：-120、-10）

3 事件→當 ▶ 被點擊

動作→定位到 x:【 -120 】y:【 -10 】

4 外觀→造型換成

運算→隨機取數【 1 】到【 10 】

修改參數：1 到 4

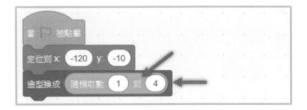

> **說明** 切換造型可使用造型編號，水果角色共有 4 個造型編號分別為：1、2、3、
> 4。執行結果沒問題，但缺乏遊戲動態效果。

5 修改指令如右圖：

控制→重複【 】次

運算→隨機取數【 1 】到【 10 】

修改參數：10 到 13

外觀→造型換成下一個

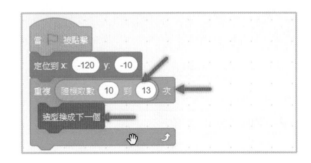

> **說明** 連續切換造型就會產生動態效果。
>
> 隨機取數若是 1~4，動態效果太差，訂為 10~13 ＝ 4 ＋ 4 ＋ 1~4，每個造型出現機
> 率還是相等的。

6 控制切換速度：

控制→等待【 1 】秒

修改參數：0.2

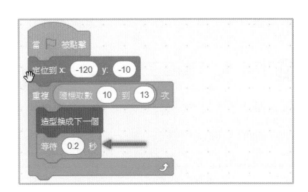

動作 2：3 個格子的水果顯示

以【分身】來產生 3 個窗格的水果。

1 將程式中，產生一個造型的標準動作拆解出來，如下圖：

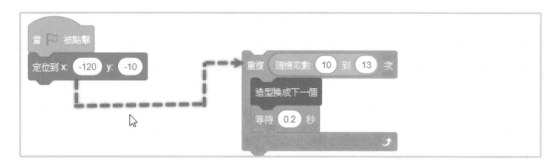

2 產生 3 個分身：

A 控制→重複【】次：修改參數：3

B 控制→建立【自己】的分身

C 控制→當分身產生

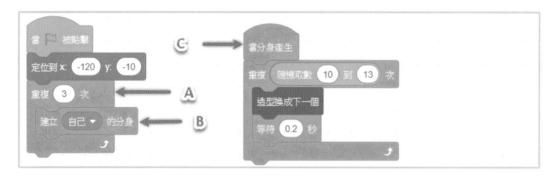

> **說明** 測試結果：3 個造型位置重疊、3 個造型產生的時間重疊。

3 控制→等待【1】秒

修改參數：3

動作→ X 改變【10】

修改參數：100

> **說明** 測試結果：本尊顯示在機台外。

4 隱藏本尊：**A** 外觀→隱藏

　　顯示分身：**B** 外觀→顯示

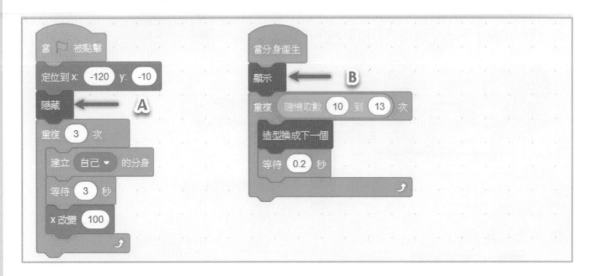

5 點選：音效標籤

　　刪除：預設系統音效

　　選個音效→選個音效

　　檔案：Computer Beep

6 音效→播放音效【Computer Beep】

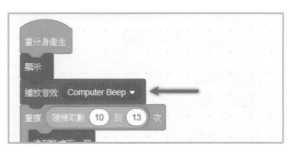

> **說明** 挑選音效必須考慮播放時間的長度，或自行後製調整音效播放時間。

ⓒ 動作 3：記錄 3 個分身的造型編號

1 建立一個變數

　　變數→建立一個變數

　　新的變數名稱：A

2 建立一個清單

　　變數→建立一個清單

　　新的清單名稱：L

3 在 L 清單左下方 + 號上
連按 3 次：增加資料筆數
（資料數為 3）

說明 變數 A 用來計數：第幾個分身 。清單 L 用來儲存：3 個分身的造型編號 。

功能說明 11：清單

一個變數名稱只能存放一個資料，若需要儲存、操控大量的資料，必須使用：【清單】。

手動處理清單資料：

- 右圖是名稱為 L 的清單
- 點選左下角 + 鈕→增加 1 筆資料
- 在清單內可以直接輸入資料

程式處理清單指令：

- 新增資料：

  A 附加資料到最後一筆

  B 插入資料到第【 】筆

- 刪除資料：

  C 刪除第【 】筆

  D 刪除所有資料

- 編輯資料：

  E 取代第【 】筆資料內容

- 資料運用：

  F 清單內是否包含【 】

  G【 】在清單內的位置（筆數）

  H 取出第【 】筆資料

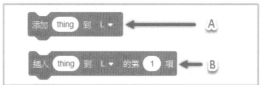

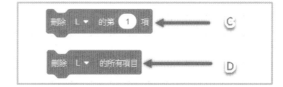

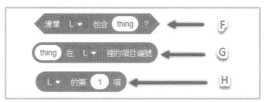

4 分身計數器歸 0：變數→變數【A】設為【0】

分身計數器 + 1：變數→變數【A】改變【1】

5 變數→替換【L】的第【 】項為【 】

修改參數 1：變數→ A

修改參數 2：外觀→造型【編號】

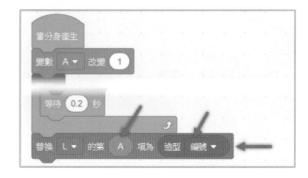

測試：

■ 執行結果如右圖：

造型編號被存入清單 L

ⓒ 動作 4：判定中獎與否

中獎的條件：3 個格子的水果都一樣

■ 【第 1 格水果 = 第 2 格水果】而且【第 2 格水果 = 第 3 格水果】

■ 清單 L(1) = 清單 L(2) 而且 清單 L(2) = 清單 L(3)

如果：中獎→播出祝賀音樂：Dance Celebrate

否則：槓龜→播出嘲諷音樂：Crazy Laugh

1 在主程式最下方

插入得獎與否判斷指令：

控制→如果【　】那麼…否則

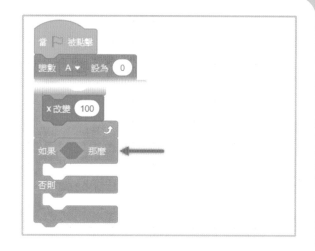

2 在程式區空白處建立判斷指令架構

A 運算→【　】且【　】

B 運算→【　】=【50】

C 運算→【　】=【50】

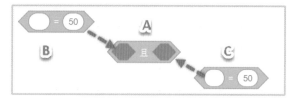

> **說明**
>
> A 積木：第 1 層條件結構→【條件 1】且【條件 2】
>
> 條件 1 參數：運算式→【資料 1】=【資料 2】
>
> 條件 2 插入：運算式→【資料 3】=【資料 4】
>
> 在 4 個參數中填入：
>
> 資料 1＝清單 L 第【1】項、資料 2＝清單 L 第【2】項
>
> 資料 3＝清單 L 第【1】項、資料 2＝清單 L 第【3】項

3 在 B、C 積木內填入清單值

修改參數如右圖：

變數→【L】的第【1】項

變數→【L】的第【2】項

變數→【L】的第【1】項

變數→【L】的第【3】項

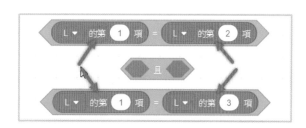

4 將 B、C 積木拖曳制 A 積木內

5 將 A 積木拖曳至 如果 積木條件參數內：

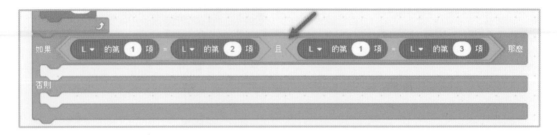

6 點選：音效標籤
選個音效→選個音效
檔案：Dance Celebrate
選個音效→選個音效
檔案：Crazy Laugh

7 在 如果 下方插入：
音效→播放音效【 】
修改參數：Dance Celebrate
在 否則 下方插入：
音效→播放音效【 】
修改參數：Crazy Laugh

測試：

■ 3 個水果不一致 → 發出狂笑聲　　　■ 3 個水果完全相同 → 發出慶祝音樂

專案命名

發揮創意

- 計算賭資輸贏金額。

- 將水果格子由 1 列 3 格變更為 3 列 9 格！

專案

04

500 小魚

專案企劃

◎ 發想

模擬：500 隻小魚在水族箱中活動

角色：魚

舞台：水底世界

動作：以下 3 種事件模式

開始　動作 1：小魚四處遊蕩

鯊魚出現　動作 2：小魚躲到角落

餵食蟲子　動作 3：小魚游到中央

建立舞台背景、角色、造型

1 選個背景→選個背景
　 檔案：Underwater 2

2 刪除系統預設角色：貓
　 選個角色→選個角色→檔案：Fish
　 選個角色→選個角色→檔案：Shark 2

3 點選角色：Fish
　 點選：造型標籤
　 可看到 4 個造型如右圖

4 選個角色→上傳
　 檔案：…\pic\worm

5 點選：造型標籤
　 點選：轉換為向量圖
　 調整圖片大小：100×100

6 點選：shark 2-a 角色
　 點選：造型標籤
　 點選：轉換為向量圖
　 調整圖片大小：100×100

7 將鯊魚、蟲子調整至適當大小並分別
　 擺放在螢幕：左下角、右下角

> 由本章節開始
> 操作步驟不再以文字標示
> 每一個積木完整名稱
> 改以文字敘述搭配圖片作說明

小魚的動作

以「分身」產生 500 隻小魚，隨機散佈於舞台中，左、右游來游去！

動作：產生 500 隻小魚

1 產生 500 隻小魚：

建立 500 分身程式如右圖：

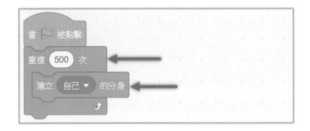

2 500 隻小魚：A. 位置不同、B. 大小不同、C. 造型不同

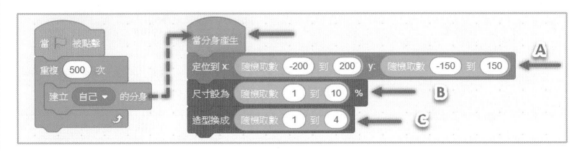

> **說明**
> A. 小魚在不同的位置顯現
>   舞台範圍：水平 -240~240、垂直 -180~180、舞台中央座標：0 , 0。
> B. 產生大小不一的小魚：1% ~10%
> C. 產生造型不一的小魚：4 選 1

3 游來游去的魚

A 不斷移動

B 速度不同（有時快、有時慢）

C 自動轉向

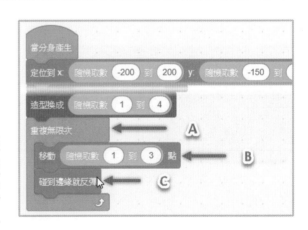

> **說明** 測試結果，看似美好，不過稍有瑕疵！500 隻小魚產生時一律往右移動，不太自然，應該在產生時也同樣以亂數決定方向。

4 建立 2 選 1 程式架構
【如果…那麼…否則】
產生隨機亂數：1、2
判斷 1 或 2

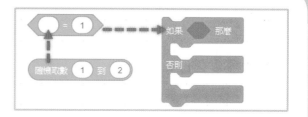

5 將【如果…那麼…否則】插入
【重複無限次】上方
B 向右角度：60 ～ 120
C 向左角度：-60 ～ -120

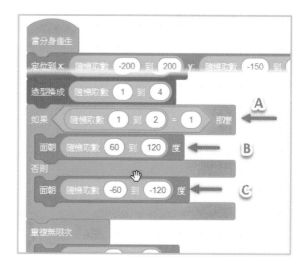

| 說明 | 利用【隨機取數】：|
讓小魚的起始前進方向→左或右
向右角度範圍：60～120
向左角度範圍：-60～-120
如右圖所示

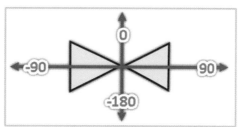

鯊魚出現、小蟲出現

舞台上有 3 種情況：

1 無鯊魚、無小蟲：小魚自由地游來游去。
2 鯊魚出現：所有小魚全部躲到舞台右上角。
3 小蟲出現：所有小魚全部集中舞台正中央。

Ⓒ 鯊魚動作

我們將以 S 變數控制水族箱的 3 種情境：S ＝ 1：小魚優游、S＝2：鯊魚位於中央小魚逃到右上方、S＝3：蟲子和小魚都集中於中央。

1　選取角色：shark 2

2　建立變數：S

　　設定 S 起始值：1

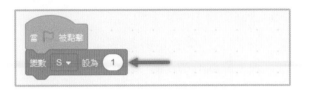

3　點選鯊魚程式

　　A 當鯊魚被【點選】

　　B 若狀態 =2（鯊魚位於舞台中央）

　　C 是：更改狀態→1（退回左下角）

　　D 否：更改狀態→2（移動至中央）

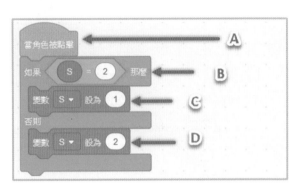

4　發布狀態訊息

　　A 將 S 變數的值廣播出去

　　B 狀態為 1：鯊魚移動至舞台左下角

　　C 狀態為 2：鯊魚移動至舞台中央

　　D 狀態為 3：鯊魚移動至舞台左下角

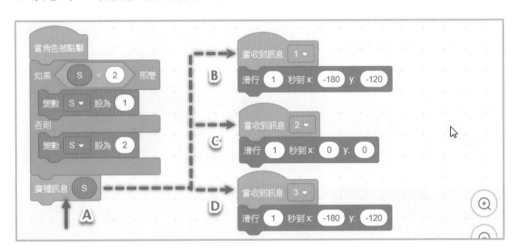

說明

廣播訊息積木：事件→廣播訊息。

當收到訊息積木：事件→當收到訊息。

建立新的訊息：

A. 點選下拉鈕

B. 點選：新的訊息

執行 3 次分別建立訊息：1、2、3

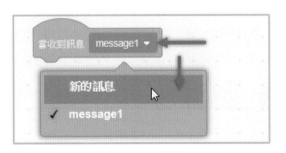

ⓒ 小蟲動作

小蟲與鯊魚的動作是類似的，將鯊魚程式複製過去後，再修改即可。

1 將鯊魚程式中，【當角色被點擊】、【當收到訊〔1〕】、【當收到訊〔2〕】、【當收到訊〔3〕】積木方塊組，分別拖曳至 worm 角色。

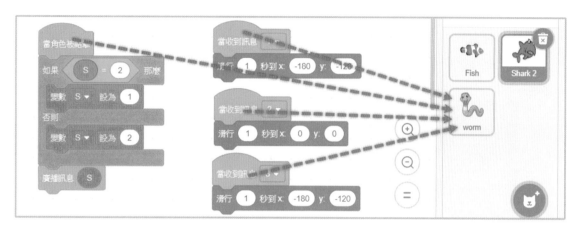

2 點選角色：worm，修改積木內參數，如下：

A 鯊魚出現狀態為 2，小蟲出現改為狀態 3

B 小蟲移動至舞台右下角

C 小蟲移動至舞台右下角

D 小蟲移動至舞台中央

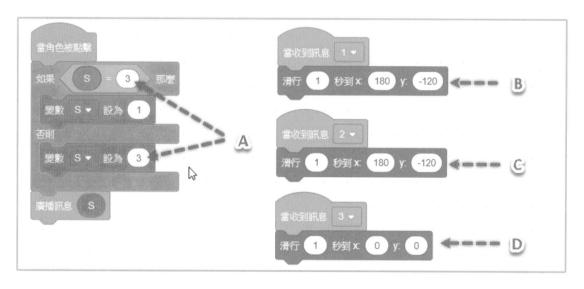

ⓒ 小魚的動作分析

- 狀態：1 → 自然地游來游去
- 狀態：2 → 鯊魚出沒 → 所有小魚躲避到舞台右上角區域
- 狀態：3 → 小蟲餵食 → 所有小魚集中到舞台中央區域

1 選取角色：Fish

更改分身程式最下方：【重複無限次】

增加一層【如果…那麼】，條件設定為：S = 1，如下圖：

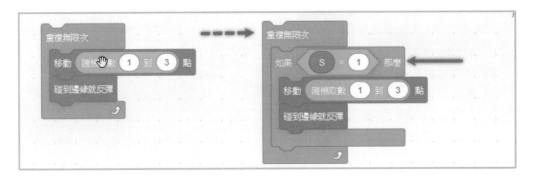

2 A 再增加一個：【如果…那麼】，條件設定為：S = 2

B 插入動作：小魚滑行至舞台右上角範圍

C 再增加一個【如果…那麼】，條件設定為：S = 3

D 插入動作：小魚滑行至舞台中央範圍

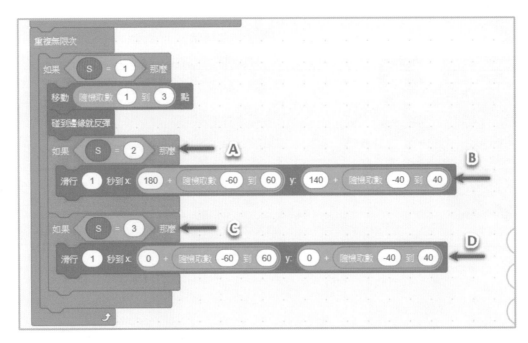

說明

螢幕右上角範圍設定：

中心位置：x = 180、y = 140，左右各 60 點活動空間、上下 40 點活動空間。

螢幕中央範圍設定：

中心位置：x = 0、y = 0，左右各 60 點活動空間、上下 40 點活動空間。

測試：

■ 遊戲開始

　　小魚散佈在整個水族箱中

　　隨意優游…

■ 點選：鯊魚→鯊魚出沒

　　鯊魚：移動至舞台中央

　　小魚：躲避至舞台右上角

■ 點選：小蟲→餵食活動

　小蟲：移動至舞台中央

　鯊魚：退回舞台左下角

　小魚：集中至舞台中央

專案命名

發揮創意

■ 每隔 20 秒鐘，在舞台 4 個角落隨機出現鯊魚或小蟲。

　若出現小蟲：所有小魚圍繞著小蟲。

　若出現鯊魚：所有小魚躲到對角。

NOTE

專案 05 幾何小畫家

專案企劃

© 發想

- 小時候的玩具：萬花尺（右圖）
  - ▶ 尺的中央為一圓形洞
  - ▶ 洞的周邊為尺輪之牙
  - ▶ 中間置入一齒輪
    齒輪上有許多小圓孔

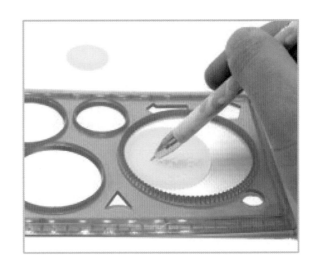

- 將筆插入小圓孔，繞著圈圈移動便可畫出漂亮幾何圖形（右下圖）。

繪出的幾何圖樣取決於 3 個要素：

- R1：圓洞半徑
- R2：齒輪半徑
- R3：筆孔距離齒輪圓心距離

繪圖原理非常簡單，就是三角函數 Sin()、Cos() 的應用而已。

本專案設計的主要目的是介紹 Scratch 簡單易用的繪圖功能。

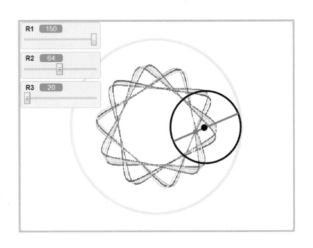

建立舞台背景

本專案使用系統預設白底舞台。

建立角色

1 建立角色：畫筆

選個角色→選個角色

檔案：Pencil

轉換為：向量圖

調整大小：20×25

將筆尖位置拖曳至中心點

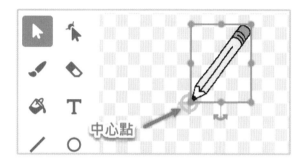

2 建立角色：筆心

選個角色→繪畫

繪製一個紅色實心圓

調整大小：10×10

將圓心置於中心點

3 建立角色：小齒輪

選個角色→繪畫

繪製一個寬度 5 的黑色空心圓

調整大小：100×100

將圓心置於中心點

繪製一條穿越圓心綠色直線

繪製一個位於圓心的黑色實心點

將 3 個圖樣組合為一個物件

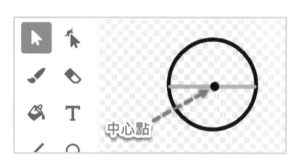

■ 3 個角色完成如右圖：

功能說明 12：繪製角色

角色繪製大致會用到 3 個幾何圖形：
線、圓、方形。

- 線：只有外框
- 圓、方形：包含填滿、外框

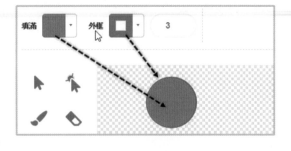

填滿及外框的顏色都由 3 個要素組
成：【顏色】、【彩度】、【亮度】。

- 色盤左下方工具為：取消填滿
- 色盤右下方工具為：擷取顏色

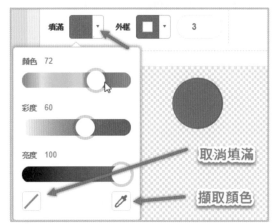

組合物件：

方法 1：按住 Shift 鍵，點選多個物件
方法 2：拖曳物件所在的外圍
點選：建立群組

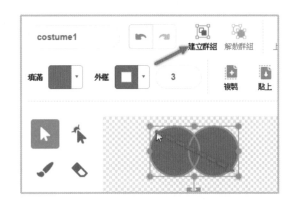

注意事項：

- 選取物件時，記得先點選：選取工具。
- 要將線條拉長可直接拖曳線條端點即可，若要縮小線條必須先按住 Shift 鍵，拖曳端點才會有作用。

畫大圓

圓周的軌跡公式：

- $X = R1 \times Cos(A1)$

- $Y = R1 \times Sin(A1)$

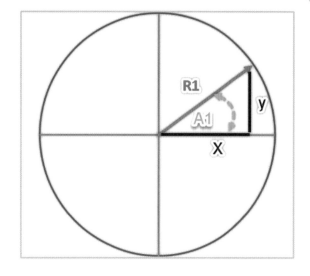

© **動作 1：建立基本變數**

1 建立 3 個關鍵變數：

R1：圓洞半徑

R2：齒輪半徑

R3：筆心距離齒輪圓心距離

2 建立延伸變數：

A1：大圈轉動角度

A2：齒輪轉動角度

x1、y1：大圓周軌跡

x2、y2：齒輪圓心軌跡

x3、y3：筆心軌跡

3 顯示變數：R1、R2、R3

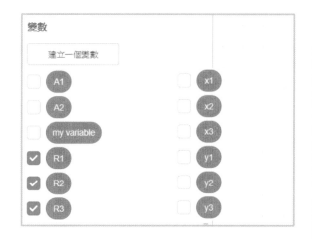

功能說明 13：顯示變數、清單

程式設計過程中，使用到的變數或是清單，常會因為邏輯錯誤而產生錯誤的值，因此程式執行過程中可以將變數或清單值顯示在舞台中，一邊執行程式一邊觀察變數或清單值的變化，是程式除錯最佳的工具。

只要勾選變數或清單項目前方的核取方塊，即可將資料顯示在舞台上，確定變數或清單值計算正確後，便可關閉顯示。

功能說明 14：變數顯示模式

變數顯示有 3 種不同模式：如右圖

切換方法 1：在變數上按右鍵→選取模式

切換方法 2：在變數上連點 2 下

功能說明 15：變數數值的改變

一般情況下，變數值應該由程式來控制，雖然將變數顯示在舞台上，但一般情況下並不作輸入或編輯的動作，因此系統預設【一般】、【大型】模式下只能檢視變數的值，無法編輯。

若將變數顯示模式調整為【滑桿】，便可手動調整變數值，但滑桿有【最大值】、【最小值】的特性，預設值為：0～100，在滑桿上按右鍵，即可設定。

4 設定將 R1、R2、R3 變數：
【滑桿】模式

5 設定 R1 變數值：150
最小值：100、最大值：150

6 設定 R2 變數值：64
最小值：30、最大值：100

7 設定 R3 變數值：20
最小值：20、最大值：60

© 動作 2：建立大圓軌跡

1 點選角色：筆
建立指令，如右圖：

A A1：計數器（大圓轉動角度）

B 大圓：轉動 360 度

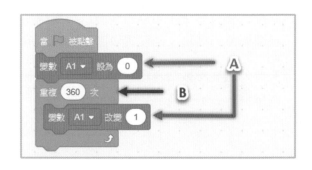

2 插入圓周軌跡公式：

   A X1 ＝ R1×Cos(A1)

      Y1 ＝ R1×Sin(A1)

   B 每轉動 1 度，重新定位：x , y

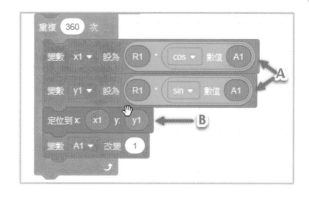

測試：

- 筆在畫面上繞了一圈，回到原點，並沒有畫出圓圈！

- 因為我們並沒有執行繪圖指令，因此【筆】只是空跑了一圈！

C 動作 3：繪圖與設定

功能說明 16：擴充功能

Scratch 3 提供的功能相當多，因此將進階功能隱藏起來，本節所要使用的繪圖功能就被隱藏了，必須點選視窗左下角的「擴充功能」，再選取「畫筆」，才能在視窗分類功能中找到：

---

1 設定畫筆起始值

   A 將筆移動到起始點

   B 清除前一局遊戲的殘圖

   C 執行【畫】的動作

   說明 本範例要一個連續的圓圈，因此只使用【下筆】指令，不需使用【停筆】指令。

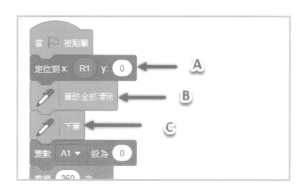

2 設定畫筆屬性：

　　A 畫筆顏色：黃

　　B 筆跡寬度：4

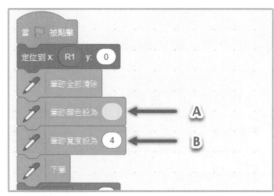

3 設定【筆】的顯示與隱藏

　　A 開始畫圓→顯示筆

　　B 結束畫圓→隱藏筆

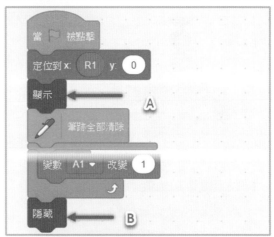

4 廣播作業結束訊息

　　插入【廣播訊息】指令

　　設定新訊息內容：畫圓完畢

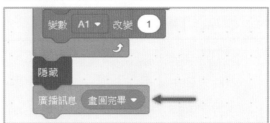

說明 完成畫圓動作後，我們要啟動齒輪的轉動，由於是跨角色資訊傳遞，因此採用【廣播訊息】。

■ 完整程式如下圖：

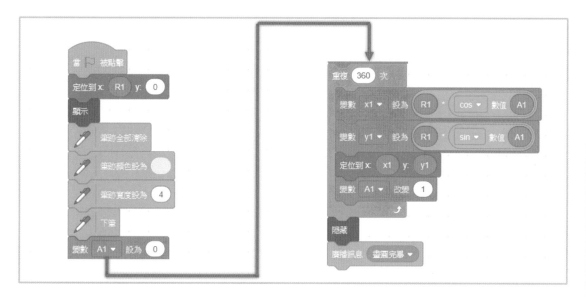

齒輪

ⓒ 齒輪圓心軌跡分析

■ 齒輪在大圓內繞著邊緣轉動

大圓半徑：R1

齒輪半徑：R2

大圓轉動角度：A1

齒輪轉動角度：A2

齒輪圓心運動軌跡如右圖：

橘色圓周半徑：R1 – R2

齒輪圓心軌跡公式：

$$X2 = (R1 - R2) \times Cos(A1)$$

$$Y2 = (R1 - R2) \times Sin(A1)$$

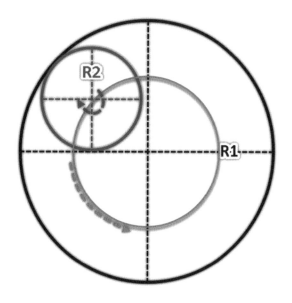

齒輪轉動角度分析

齒輪繞完大圓一圈距離 = $2 \times \pi \times R1$
齒輪自己轉一圈距離 = $2 \times \pi \times R2$
大圓轉動 1 度 → 齒輪轉動 R1 / R2 度

- 舉例說明：

  大圓半徑 R1 = 10 cm、齒輪半徑 = 5 cm

  大輪圓周 = $2 \times \pi \times 10 = 20\pi$、齒輪圓周 = $2 \times \pi \times 5 = 10\pi$

  大圓 1 度 → 齒輪轉動：20π / 10π = 2 度

  也就是說：「齒輪共轉了 2 圈才能成大圓內繞場一圈」！

  另外觀察到：「齒輪若繞著大圓以順時針轉動，齒輪自己的轉動方向卻是反時針」

  → A2 = $-1 \times A1 \times R1$ / R2

動作 1：齒輪起始設定

1 設定：
  系統開始時 → 隱藏齒輪
  畫圓完畢時 → 顯示齒輪
2 設定：起始齒輪圓心位置

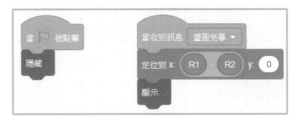

測試結果：

- 齒輪並沒有貼著大圓！
  齒輪原始尺寸：100×100，半徑 = 50，我們輸入的齒輪半徑：R2=150，必須等比率改變角色齒輪尺寸：
  50 → R2：= R2 / 50×100
  （百分比所以乘上 100）

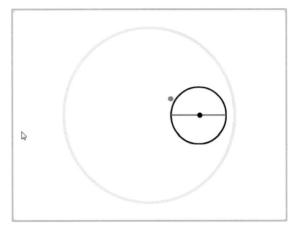

3 設定齒輪大小

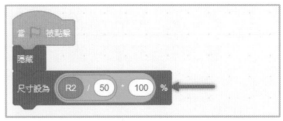

Ⓒ 動作 2：齒輪運動軌跡

我們預計讓齒輪繞著大圓，轉 10 大圈

1. 插入重複指令：10 次
   齒輪繞大圓 10 圈
2. 插入重複指令：360 次
   繞行大圓每次轉動 1 度
3. 插入大圓角度計數器：A1

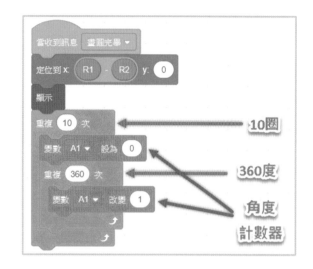

4. 插入齒輪圓心軌跡公式，如下圖：
   A 齒輪圓心 X、Y 軸座標
   B 定位齒輪圓心

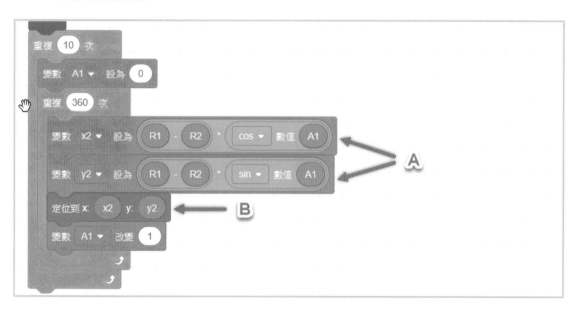

5. 插入齒輪轉動指令：
   大圓轉動 1 度→齒輪自轉 R1/R2 度

測試結果：

- 插入轉動指令前：
  齒輪只是繞著大圓作「移動」。

- 插入轉動指令後：
  齒輪「移動」
  同時也進行「自轉」！

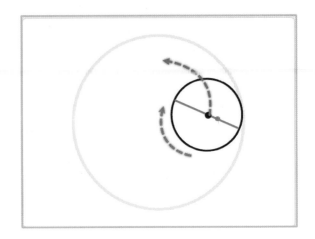

筆心位置

筆心移動軌跡分析

齒輪上的筆心是繞著齒輪中心轉動

→筆心移動軌跡 X3 ＝ 齒輪中心移動軌跡 ＋ 齒輪 R3 半徑自轉軌跡

$$= \quad X2 \quad + \quad R3 \times Cos(A2)$$
$$Y3 = \quad Y2 \quad + \quad R3 \times Sin(A2)$$

（A1：繞圓轉動角度、A2：齒輪自轉角度）

→齒輪貼著大圓邊緣繞

齒輪轉動的角度：A2 ＝ A1×(R1/R2)

當齒輪中心是以逆時針移動時，齒輪自轉的方向是順時針

因此 A2 修正：0 － A1×(R1/R2)

動作 1：筆心位置起始設定

1 設定：
系統開始時→隱藏筆心位置
畫圓完畢時→顯示筆心位置

2 設定筆心：

起始位置座標

筆跡寬度：2

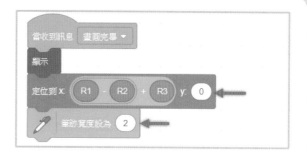

> 說明 筆心位置的繪圖我們採用較小的點，因此設定：2。

動作 2：筆心移動、畫點

齒輪轉動的同時，齒輪中的筆心也跟著轉動，因此我們設計：

■ 齒輪每次轉動就對筆心發出訊息，讓筆心也跟著轉動、畫點

1 由齒輪發送訊息給筆心

選取角色：齒輪

插入廣播訊息指令

設定訊息內容：畫點

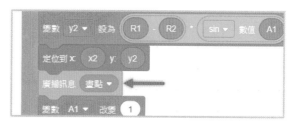

2 選取角色：筆心

設定【收到訊息：畫點】事件

設定齒輪自轉角度

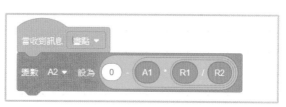

3 設定筆心軌跡

計算筆心移動 X、Y 座標

定位筆心位置

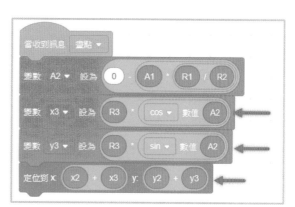

4 插入畫點指令

在同一位置：下筆 + 停筆

就是畫一個點

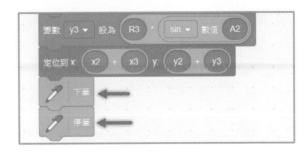

測試結果：

- 齒輪繞著大圓跑了 10 圈，畫出來的圖
卻是重複的線條，如右圖！

- 原因：

大圓角度計數器起始值的設定邏輯錯
誤。

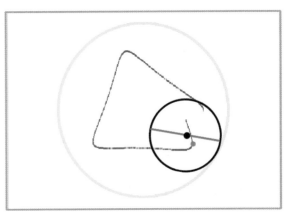

5 選取角色：齒輪

將【變數 A1 設為 0】積木

移動至【重複 10 次】上方

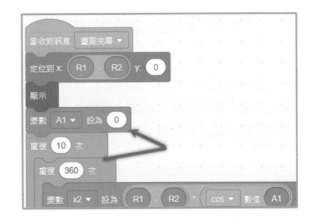

測試結果：

- 還有 2 個問題尚未克服：

A 筆心沒有位於綠色線上

B 筆心顏色沒有變化

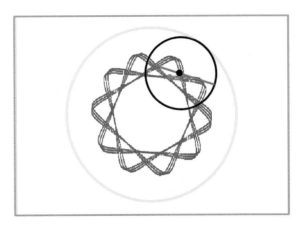

動作 3：問題修正 A

由於每一次執行程式齒輪都會轉動，因此在齒輪轉動前應該先讓齒輪面朝右，如此筆心才會被正確的放置在綠色線上。

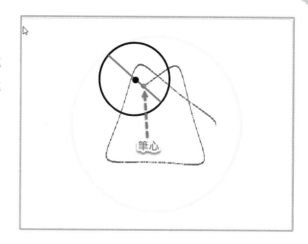

- 選取角色：齒輪
  插入轉向指令
  讓齒輪朝右

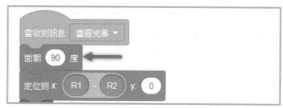

動作 4：問題修正 B

我們希望每一圈的顏色都可以有變化，因此使用【隨意取數】。

想要以指令控制顏色，就必須使用 16 進位色碼。

1. 建立色碼清單：C
   新增資料為：7 筆
   依序輸入 7 筆資料
   如右圖：

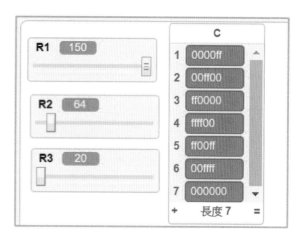

說明 16 進位色碼規則：（以第一筆資料為例）

A. 總共 6 碼，2 碼一個單元總共 3 個單元，00-00-ff，分別代表：紅 - 綠 - 藍

B. 00：無，ff 表：有，因此 00-00-ff = 無 - 無 - 藍 = 藍色

C. 根據 B 點類推，2~7 筆資料分析如下：

    2：00-ff-00 = 無 - 綠 - 無 = 綠　　　3：ff-00-00 = 紅 - 無 - 無 = 紅

    4：ff-ff-00 = 紅 - 綠 - 無 = 黃　　　5：ff-00-ff = 紅 - 無 - 藍 = 紫

    6：00-ff-ff = 無 - 綠 - 藍 = 青　　　7：00-00-00 = 無 - 無 - 無 = 黑

2 新增變數：color

3 選取角色：齒輪，插入變數設定指令如下圖：

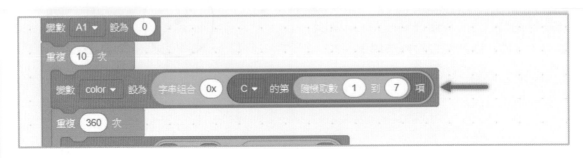

> 說明 顏色設定的必須是文字串，我們採取 16 進位值，因此開頭必須加上 " 0x "。
> 例如：" 0xff0000 " 就代表紅色、" 0x0000ff " 就代表藍色。
> 所以我們使用字串組合功能串接 " 0x "、C 清單中的 16 進位值。
> 清單選項中又使用【隨機】，因此可產生隨機取數功能。

4 選取角色：筆心
插入筆跡顏色指令
顏色值：color

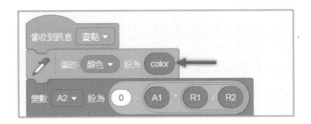

測試：

- 執行繪圖遊戲
  繪圖結果如右圖
- 完成繪圖後，看著齒輪實在很礙眼！
  想把完整的圖案 copy 下來又顯得很
  麻煩，我們希望可以利用按鍵來切換
  齒輪的顯示、隱藏。

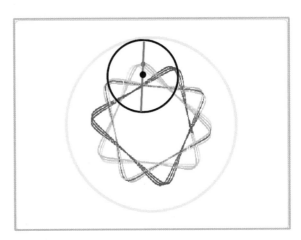

C 動作 5：顯示 / 隱藏齒輪

1 選取角色：齒輪
2 建立程式，如右圖

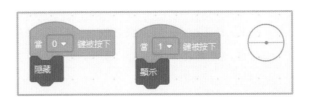

測試：

■ 執行繪圖遊戲

　按 0 鍵→齒輪隱藏

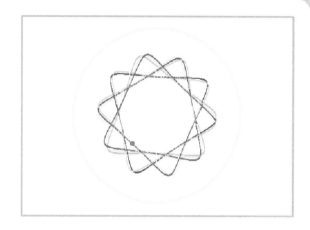

功能說明 19：偵測按鍵

以按鍵〔0〕、〔1〕作為齒輪
【隱藏／顯示】控制鍵。

偵測某一按鍵是否被按下
有 2 個工具，如右圖：

完整程式 - 筆　　　　　　　　完整程式 - 筆心

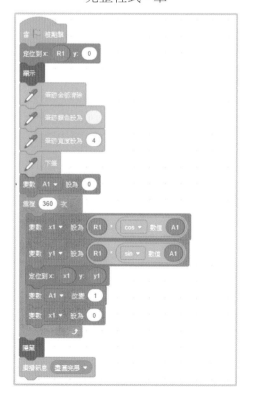

■ 齒輪完整程式

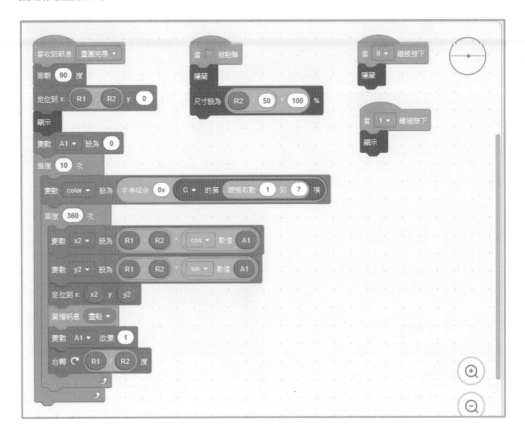

ⓒ 專案命名

ⓒ 發揮創意

■ 將繪圖板的大圓改為橢圓。

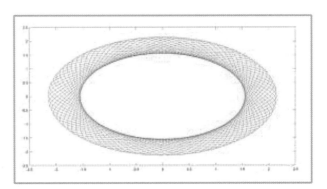

系統化設計

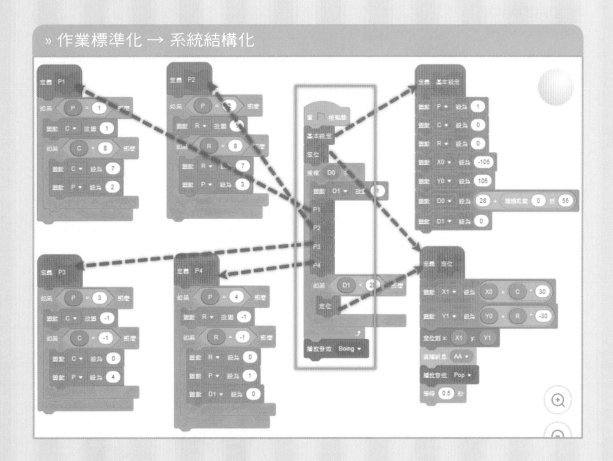

輪盤遊戲是一種基本又普遍的遊戲，遊戲
的核心技巧就是讓圓球在輪盤外圍不斷地
繞，直到速度減弱後掉入某一格子內。

我們將開發 2 個不同版本：

    A. 圓形轉盤

    B. 方形轉盤

圓形轉盤遊戲

模擬：輪盤遊戲

舞台：圓形轉盤

角色1：圓球

動作：圓球以 0 為起始點

      順時針方向

      一直繞著圓周跑

      以亂數決定何時停下

角色2：數字顯示板

動作：根據圓球位置顯示正確數字

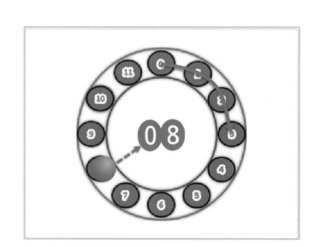

建立舞台背景、角色

1 選個背景→上傳

　　檔案：…\pic\ 圓形轉盤

2 選個角色→選個角色

　　檔案：Ball

3 選個角色→上傳

　　檔案：…\pic\0-11

> 說明 角色 1：Ball 由系統範例庫選取，舞台背景：圓形轉盤、角色 2：0-11 由本書範例檔提供。

圓球動作 1：圓球定位

圓球要繞著圓周跑，因此必須先知道：圓心、半徑

1 建立變數：R（半徑）

　　建立變數：X0（圓心 X 軸座標）

　　建立變數：Y0（圓心 Y 軸座標）

移動後的位置座標我們必須再建立 2 個變數：X1、Y1

2 建立變數：X1（移動後的 X 軸座標）

　　建立變數：Y1（移動後的 Y 軸座標）

　　座標計算公式：$X1 = X0 + R \times Cos$（角度）、$Y1 = Y0 + R \times Sin$（角度）

我們將圓周分為 12 個等分，一等分為 30 度，圓周起始點在圓心上方標示 0 的位置，系統定義的向上為 90 度，角度計算公式如下：

　　角度 $= 90 - P \times 30$（P：圓周 12 停駐點編號數 0～11）

X1、Y1 座標公式更新如下：

　　$X1 = X0 + R \times Cos(90 - P \times 30)$、$Y1 = Y0 + R \times Sin(90 - P \times 30)$

3 建立變數：P（停駐點編號）

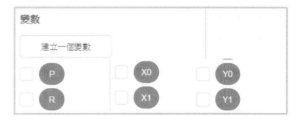

4 選取角色：Ball

5 變數起始值設定：

　A 半徑 R：120

　B 圓心位置 X 座標：X0 = 0

　　圓心位置 Y 座標：Y0 = 0

　C 圓球起始位置編號：P = 0

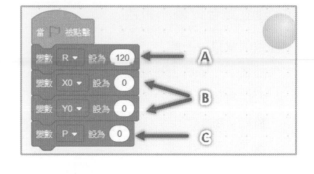

6 建立重複執行架構：

　A 計數器 P 歸 0

　B 重複執行 12 次

　C 計數器每次 + 1

　　P 的值：

　　0 → 1 → 2 → 3 → ⋯⋯→ 11

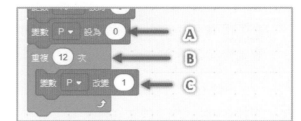

7 將位置編號轉換為實際座標：

　A 座標轉換公式

　B 重新定位

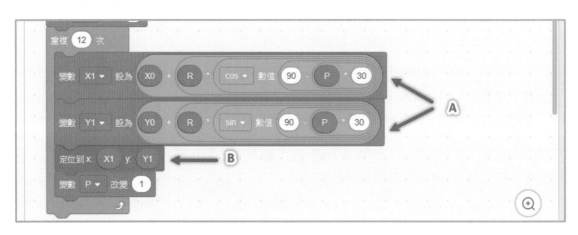

測試：

■ 圓球由位置 0 出發，以順時針方向繞著外圍走，直到位置 11，功能正常！

ⓒ 圓球動作 2：優化程式

上面的程式只是基本功能，這一節我們要進行幾個功能強化：

A. 圓球要轉幾圈？在哪一個位置停下來？應該是隨機的！因此我們必須在【重複】指令使用一些技巧。

B. 圓球移動時：

B1. 降低速度

B2. 加上音效

B3. 發出訊息，啟動數字顯示

C. 圓球停下時：加上音效

1 修改【重複】指令參數
如右圖：

> **說明** 圓球先繞一圈（12），然後隨機選取：0~23 數字（2 圈），決定掉下位置。

2 在【定位到】指令下方插入指令

B 廣播訊息、播放行進音效、等待

3 在【重複】指令下方插入指令

C 播放停止音效

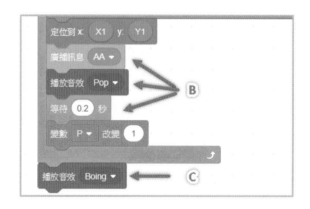

> **說明** 廣播訊息內容："AA"，沒有特殊意義，就是發出一個訊號而已！Pop 音效、Boing 音效都是系統預設，產生新專案時就附帶過來的不需要匯入，可以直接由【播放音效】指令選取。

ⓒ 0-11 動作：改變造型

角色：0-11 是一個數字顯示看板，共有 12 個造型：0～11，當接到 Ball 傳過來的 "AA" 訊息時，就顯示對應於圓球位置的數字。

1 選取角色：0-11

2 建立程式如右圖：

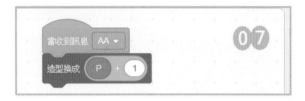

測試：

■ 圓球移動時發出 Pop 聲音、數字顯示看板跟著跳動，圓球結束時發出 Boing 聲音，功能正常！

ⓒ 專案存檔

方形轉盤遊戲

我們將直接修改圓形轉盤遊戲為方形轉盤遊戲。

圓形轉盤利用 Sin()、Cos() 作定位，方形轉盤的定位邏輯完全不同，圓球由左上角的 0 出發，以順時針方形移動，0 的位置定義為：第 0 欄、第 0 列，移動規則如下：

向右→欄數 +1
向左→欄數 -1
向下→列數 +1
向上→列數 -1

請參考右圖：

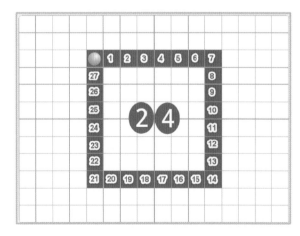

4 條行進路線，如右圖：

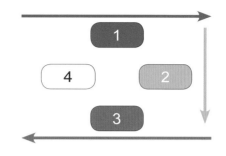

我們將建立以下變數：

P：Path（路徑編號）

C：Column（欄數）

R：Row（列數）

變數關係如下：

P=1：C 增加 1，R 不變　　P=2：C 不變，R 增加 1

P=3：C 減少 1，R 不變　　P=4：C 不變，R 減少 1

◎ 建立舞台背景

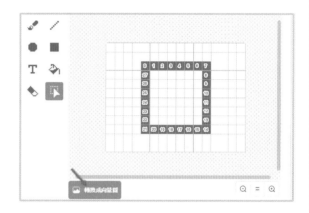

1 選個背景→上傳
　圖片：…\pic\ 方形輪盤

2 點選：轉換為向量圖

3 拖曳圖片 4 個角落
　讓圖片填滿整個背景區域

◎ 建立角色

我們仍然以圓球作為主角，由於數字範圍變大了：0～27，若採用圓形輪盤的解決方案就顯得太不科學，因此數字顯示看板將進化為高級版，將數字拆解為：十位數、個位數，因此每一個位數就是 0～9。

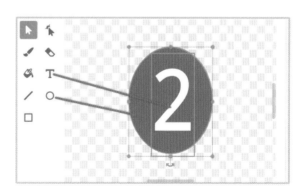

1 選個角色→選個角色
　圖片：Ball
　設定大小：50%

2 選個角色→繪畫
　以圓形工具繪製一橢圓
　以文字工具輸入一數字
　大小約：40×60
　命名為：個位數

3 複製為 10 個造型

　分別更改數字為：0、1、2、…、9

4 複製角色個位數為十位數

　刪除數字 3~9 的造型

角色：個位數，造型、編號如右圖：

角色：十位數，造型、編號如右圖：

圓球的動作

◎ 作業流程分析

整個程式流程可以拆解為 3 個大項目：

- 基本設定：變數起始值設定。
- 路徑判斷：根據路徑 P 值，決定前欄數 C 或列數 R 的變化，並判斷是否超過邊界值，若超過邊界，便改變路徑。
- 定　　位：根據欄數 C、列數 R 的值，定位圓球。

程式邏輯圖如右圖：

　說明：

　D0：移動次數

　D1：計數器

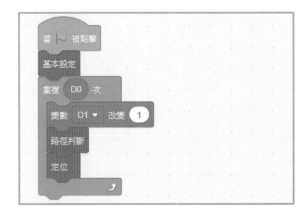

ⓒ 動作 1：建立基本架構

遊戲的功能越來越複雜，積木的結構就會越龐大，如果還是採用前面循序式的作法，整個程式會拉得很長，不容易除錯，因此本節採取模組式的寫法，就像上面的程式邏輯圖一般，將每一個功能項目寫成一個區塊，彼此獨立，又可組合應用。

1 函式積木→建立一個積木

　　輸入：基本設定

2 建立【定位】積木

3 建立【路徑判斷】積木

■ 完成結果如下圖，積木框內產生 3 個積木，程式框內產生 3 個事件：

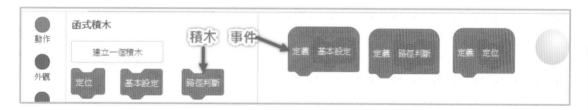

ⓒ 動作 2：基本設定事件

1 建立變數：

　　C：欄數、R：列數、P：路徑

　　X0：起始位置 X 軸座標

　　Y0：起始位置 Y 軸座標

　　X1：目前位置 X 軸座標

　　Y1：目前位置 Y 軸座標

　　D0：總移動次數

　　D1：目前移動次數

　　A：十位數造型編號

　　B：個位數造型編號

2 設定各項變數起始值

A 起始路徑：P = 1

B 起始位置：

欄數：R = 0、列數 C=0

C 起始位置：

X0 = -105、Y0 = 105

D 總移動次數：

D0 = 28 + 0~55

E 目前移動次數：

D1 = 0

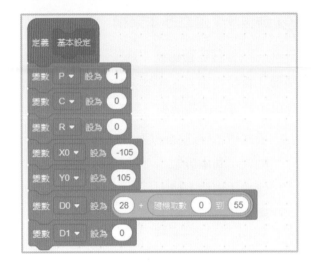

> **說明** 繞一圈必須移動 28 次，我們先讓圓球轉一圈，再由 0~55（2 圈）數字中隨意抽出一數字，28 + 0~55 就是總移動次數。

C 動作 3：路徑判斷事件

1 建立條件判斷指令：

如果路徑 P = 1→欄數 C 增加 1

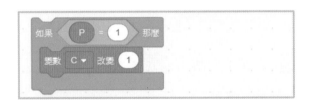

2 建立條件判斷指令：

A 如果 C = 8（超出範圍）

B C 變數回到範圍內

C 轉換到路徑 P=2

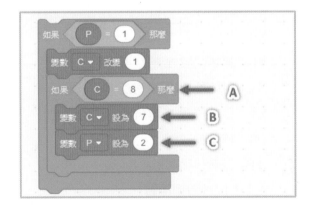

> **說明**
>
> P = 1：向右移動：C = 0→1→2→3…→8，超出範圍：C 回到 7，更改路徑 P=2
>
> P = 2：向下移動：R = 0→1→2→3…→8，超出範圍：R 回到 7，更改路徑 P=3
>
> P = 3：向左移動：C = 7→6→5→4…→-1，超出範圍：C 回到 0，更改路徑 P=4
>
> P = 4：向上移動：R = 7→6→5→4…→-1，超出範圍：R 回到 0，更改路徑 P=1

3 複製步驟 2 產生的積木，分別更改為路徑 P = 2、P=3、P = 4

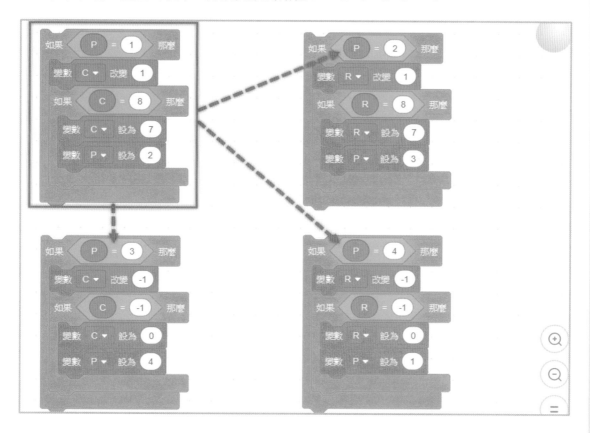

4 修改路徑 P = 4：

插入 D1 = 0 指令

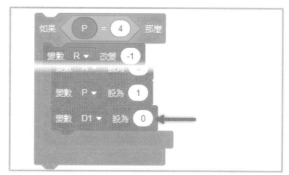

說明 路徑 P = 4 結束後回到路徑 P = 1 時，計數器 D1 必須歸 0。

5 建立積木：

P1、P2、P3、P4

6 刪除積木：路徑判斷

將【路徑判斷】事件拖曳到

積木框內，即可刪除

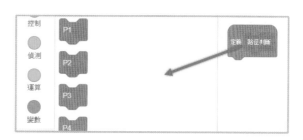

7 分別將 P1、P2、P3、P4 事件，套在相對應的程式碼上方，如下圖：

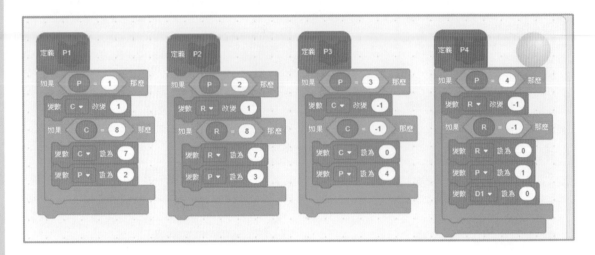

說明 將路徑判斷事件再分解為：P1、P2、P3、P4 事件，會讓程式架構更為簡單。

8 修改主程式：

將【路徑判斷】事件置換為

P1、P2、P3、P4 事件

如右圖：

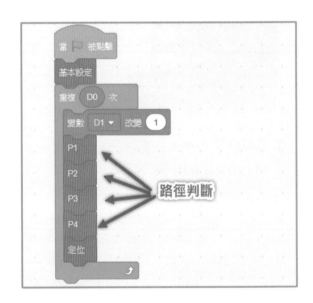

ⓒ 動作 4：定位事件

1 根據欄數 C、列數 R 計算座標：

X1 = X0 + C×(30)

Y1 = Y0 + R×(-30)

2 定位指令

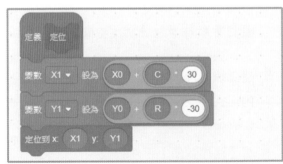

測試：

- 請顯示 D1 變數
- 執行結果如右圖：

  D1 = 11

  圓球正確落在 11 的位置

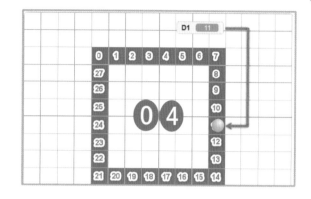

© 動作 5：定位事件細部修正

1 同步更新舞台中央的數字顯示

　A 發出廣播訊息

　　通知：十位數、個位數

2 圓球移動時伴隨音效

　B 播放音效：Pop

3 圓球移動速度太快

　C 等待：0.2 秒

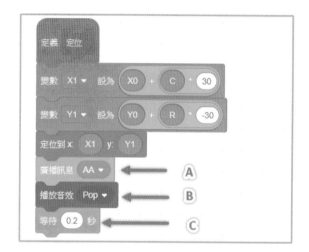

> **說明** 發出廣播訊息："AA"，"AA" 並無任何意義，只是一個讓角色：十位數、個位數啟動更新程序的訊號。

十位數的動作

取出變數 D1 十位數公式：D1 / 10 取整數

造型編號圖片內容與數值剛好差 1

請看對照表：

公式修正為：D1 / 10 取整數 + 1

造型編號	1	2	3
十位數	0	1	2

◎ 動作：收到訊息 "AA" 事件

1 建立【當收到訊息 "AA"】事件
2 插入計算十位數指令：
　　A = 無條件捨去（ D1 / 10 ）+1
3 插入【造型換成 A】指令

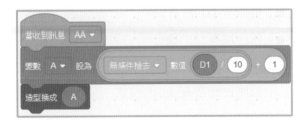

個位數的動作

取出變數 D1 個位數公式：D1 / 10 取餘數

造型編號圖片內容與數值剛好差 1，請看對照表：

造型編號	1	2	3	4	5	6	7	8	9	10
個位數	0	1	2	3	4	5	6	7	8	9

公式修正為：D1 / 10 取餘數 + 1

◎ 動作：收到訊息 "AA" 事件

1 建立【當收到訊息 "AA"】事件
2 插入計算個位數指令：
　　B = 取餘數（D1 / 10）+1
3 插入【造型換成 B】指令

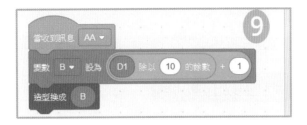

測試：

■ 舞台中央數字顯示正確無誤。

■ 但仔細觀察發現 2 個問題：

　A. 圓球是由 1 出發，而不是 0，因此程式一開始必須先定位到 0。

　B. 圓球繞完一圈時，顯示 28 後又顯示 0，28 與 0 是同一個位置，因此必須略過 28。

圓球動作修正

1 選取角色：Ball

2 在【基本設定】指令下方
  插入：【定位】指令

3 在【定位】指令外圍
  套上：【如果】指令
  條件：D1 < 28

4 在事件最下方加入結束音效
  播放音效：Boing

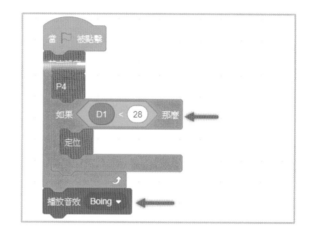

測試：

■ 功能一切正常
  並在結束時產生音效

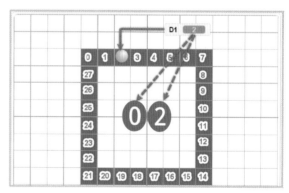

■ 圓球完整程式碼如下：

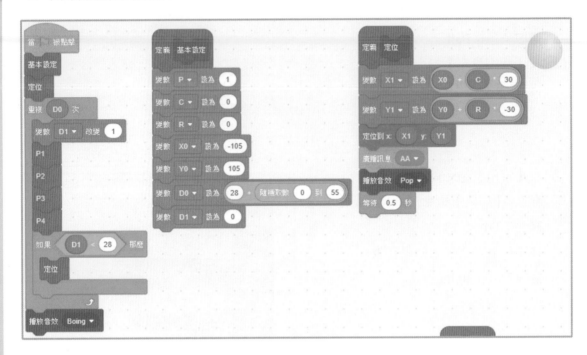

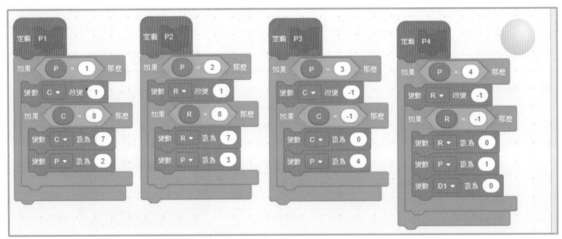

ⓒ 專案命名

NOTE

小小音樂家

專案企劃

◎ 發想

設計一個電子琴系統：

- 以數字鍵盤彈奏簡譜樂曲
- 系統根據數字簡譜自動彈奏樂曲
- 以圓球標示彈奏鍵盤
- 變換彈奏樂器

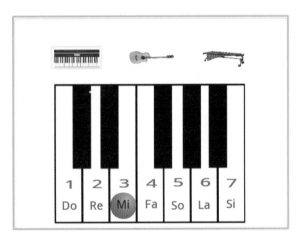

◎ 建立舞台背景

1. 選個背景→繪畫
2. 選取：方形

   設定如下：

   框線：黑色、寬度 5、填滿：白

   大小：50×240
3. 複製成為 7 個，排列如右圖

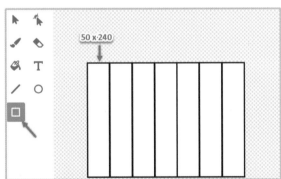

4. 選取：方形

   設定如下：

   框線：無、填滿：黑

   大小：以目測法大約估計
5. 複製成為 5 個

   平行排列如右圖

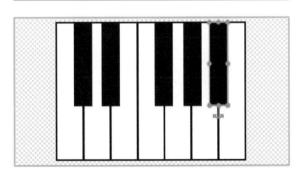

說明 在空白舞台上繪製第一個方形時，舞台大小 = 方型大小，一旦舞台上有了第 2 個物件，舞台大小就是包含所有物件的空間大小，因此無法由編輯視窗中取得單一物件的尺寸。沒辦法，這就是一個簡易圖形編輯軟體。

6 製作：數字 1～7 文字方塊
　　顏色：紅
　　以目測法調整大小、位置

7 製作：音階文字方塊
　　顏色：藍
　　以目測法調整大小、位置

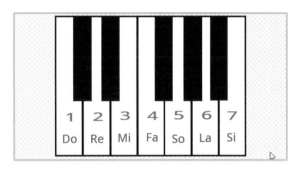

說明 文字方塊可以選擇字體樣式，但無法選擇字體大小，但調整文字方塊的尺寸，即可讓方塊內的文字縮小或放大。

設定第一個文字方塊顏色後，若後續文字方塊要採用相同顏色，建議採用「擷取顏色」工具，可以在舞台範圍內選取想要的顏色。

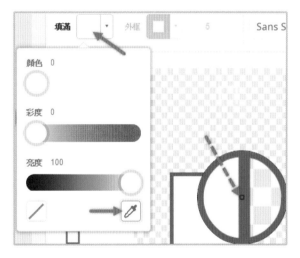

⊙ 建立角色、造型

球：

1 選個角色→選個角色
　　選取：Ball

2 選取：造型標籤
　　共有 5 個顏色造型

3 選個造型→選個造型
　　自行調整顏色（第 6 個造型）

4 選個造型→選個造型

自行調整顏色（第 7 個造型）

5 分別在 7 個造型中加入文字：

Do、Re、Me、Fa、So、La、Si

鋼琴 Piano：

■ 選個角色→上傳→檔案：…\pic\Piano，調整尺寸：80×30

吉他 Guitar：

■ 選個角色→上傳→檔案：…\pic\Guitar，調整尺寸：80×30

馬林巴 Marimba：

■ 選個角色→上傳→檔案：…\pic\Marimba，調整尺寸：80×30

黃色方形 y_box：

■ 選個角色→繪畫，尺寸：90×40，外框：黃色 5pt、填滿：無

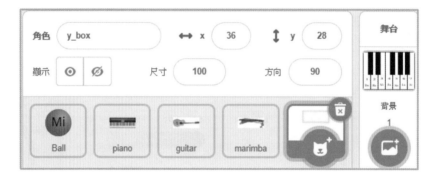

說明 設定當某一樂器被點選時，黃色外框 y_box 就移動到該樂器上，本專案預設樂器為鋼琴。

■ 完成角色建置後，請適當移動個角色位置，大約如右圖所示：

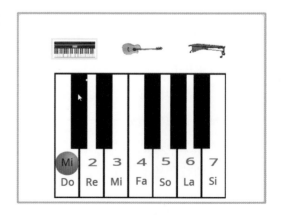

球的動作

本專案的 2 個功能：A. 使用者彈奏、B. 電腦彈奏，我們全部寫在球的程式中，因為電腦彈奏時我們希望以球來當彈奏的手指。

© 以數字鍵彈奏樂曲－簡易版

Scratch 3.0 將【演奏樂器】置於【選擇擴充功能】中，因此第一次使用必須執行：

■ 添加擴展→音樂

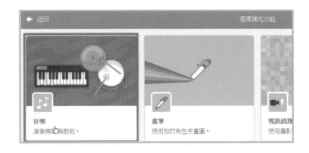

我們想讓使用者以數字鍵盤彈奏簡譜樂曲，簡譜音階對照表如下：

數字鍵	1	2	3	4	5	6	7
音階	Do	Re	Mi	Fa	So	La	Si

1　選取角色：球

　　加入：當【1】鍵被按下

　　加入：演奏音階指令

　　　　更改拍數：0.5

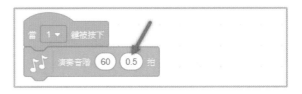

2　重複建立【步驟-1】指令 6 次，產生 7 個音階的指令並修改如下圖：

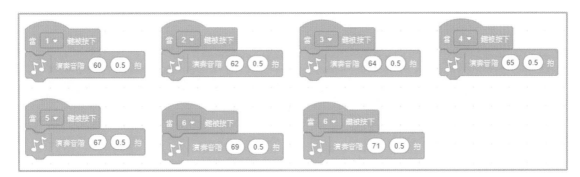

測試：

- 分別按下：1、2、3…，就可發出：Do、Re、Mi…
  由於每一個音階 0.5 拍，因此請勿快速連續按鍵！

  說明　上面的程式是最簡潔的寫法，唯一的好處就是：簡單！但是無法作為後續「電腦自動彈奏」程式開發的延伸。

  本專案的重點便是介紹如何將作業程序標準化，將一連串的指令轉化為一個積木，再將積木堆疊為一個程式、遊戲。

◎ 以數字鍵彈奏樂曲－副程式版

我們要將簡易版彈奏程式改為副程式的結構，看起來會比較複雜，但完成後電腦自動彈奏樂曲就會變得簡單、清楚。

1 建立變數：s

2 將【當 1 鍵被按下】指令改寫如下圖：

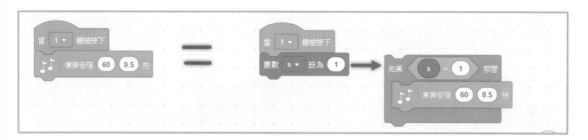

3 根據步驟 2 的邏輯
  改寫【當 2 鍵被按下】指令
  改寫【當 3 鍵被按下】指令
  …
  改寫【當 7 鍵被按下】指令
  如右圖：

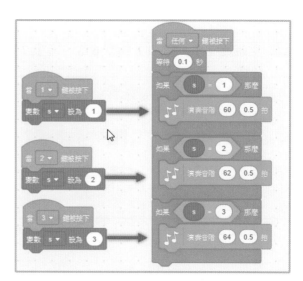

說明

- Scratch 是一個簡易系統，並不提供按鍵系統變數，無法讓設計師取得按鍵的鍵值，因此我們自設一個變數 s，用來記錄所按下的按鍵值。
- 當【1】鍵被按下時，上圖 2 個程序都會被啟動，為了確保先取得 s 值才彈奏音階，因此在上方加了【等待 0.1 秒】的動作。
- 加上【如果…】指令是因為要做數字鍵：1、2、3…、7 的判斷。
- 上面的寫法還是不夠嚴謹：一個鍵按下後同時啟動 2 個程序！因此我們要將上面的寫法再變更為最標準的副程式寫法。

4 函式積木→建立一個積木

5 輸入積木名稱：play

6 完成後按下確定鈕
程式視窗中產生【定義 play】積木
積木曲中多了【paly】積木
如右圖：

7 刪除【如果…】上方指令
拖曳所有【如果…】指令
銜接到【定義 play】下方

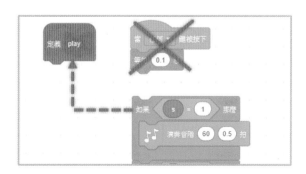

8 在每一個 s 變數下方
都加上【play】指令
如右圖：

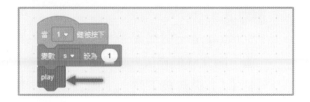

■ 完整程式架構如右圖：

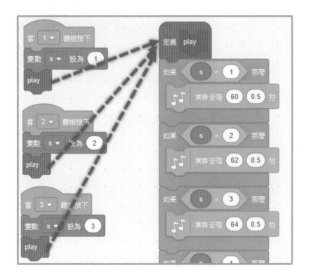

◎ 電腦自動彈奏樂曲

我們輸入一段簡譜樂曲字串，系統根據此字串，逐一彈奏出對應的音階，我們要彈奏的樂曲是【小蜜蜂】。

1 建立變數：bee（蜜蜂）

2 選取角色：球

　　建立指令如右圖：

> 說明 Bee 變數內的數字串為小蜜蜂的數字簡譜，在 Google 上就可搜尋到。

3 逐一取出 bee 變數的字元
　　建立指令如右圖：

　　A 計數器

　　B 重複彈奏 N 個音節

　　　（= 彈奏音節數 = bee 字串長度）

　　C 依序取出彈奏的單音

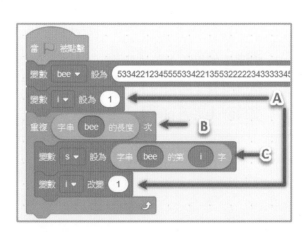

4 在變數 s 下方加入測試指令
如右圖：

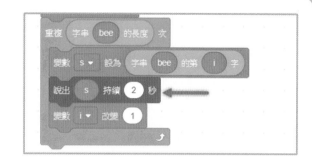

測試：

■ 執行程式：
球右上角顯示 s 值
如右圖：

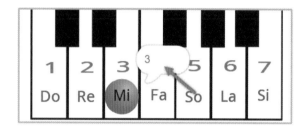

> **說明** 正確的數字依序顯示出來：5 3 3 4 2 2……。

5 將測試指令更改為【play】指令

測試：

■ 執行程式：
系統自動演奏出：
Do Mi Mi Fa Re Re…

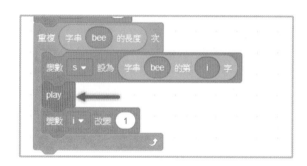

> **說明**【play】副程式對於按鍵彈奏樂曲而言是變複雜了，但【play】副程式的對電腦自動彈奏程式卻提供了大大的便利性。

■ 完成程式如下圖：

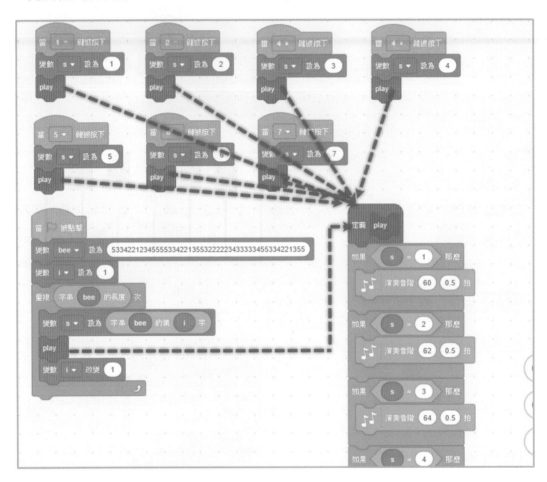

ⓒ 球在鍵盤上移動、換造型

我們希望彈奏樂曲的同時，可以達到以下 2 個效果：

A 球的位置必須準確落在彈奏音階的鍵盤位置上。

B 根據彈奏的音階，切換為相對的造型。

1 將球拖曳到鍵盤 1 下方
取得球的 x、y 軸座標

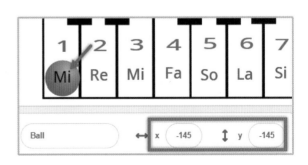

2 建立變數：

　　x0：球的 X 座標

　　y0：球的 Y 座標

3 設定：

　　A 球的起始位置

　　B 球的大小

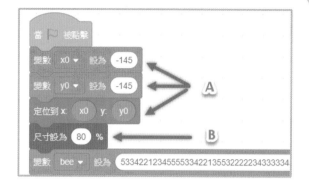

> **說明** 由於球的位置必須具根據彈奏音節作移動，因此定位指令中的 X、Y 參數不可以寫成固定數值，我們改寫為變數 x0、y0，後續才能以程式加以控制。

4 在【play】指令上方插入
　【滑行…】指令如右圖：

5 在【play】指令上方插入
　【變換造型…】指令如右圖：

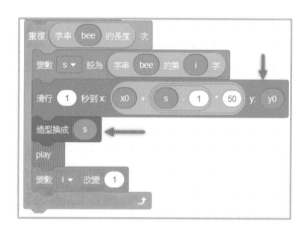

> **說明** 球的起始水平位置：x0，每一個鍵盤的寬度 50，球的移動距離公式如下：
> 移動後位置 ＝ 起始位置 ＋（ 彈奏音階 -1 ）＊ 50 → X ＝ x0 ＋（ s－1 ）＊ 50

測試結果：

■ 隨著彈奏音階的變化：
　球滑行到正確的鍵盤位置
　轉換為正確的造型

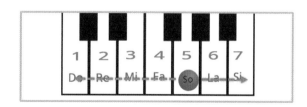

樂器的動作

我們有 3 種樂器：鋼琴、吉他、馬林巴，除了擺放位置不同，動作都是一樣的．

- 發出通知（將黃色外框移動至點選的樂器上）
- 轉換樂器（以點選的樂器播放樂曲）

ⒸⒸ 鋼琴的動作

1 選取角色：鋼琴
2 建立指令如右圖：
  指定：演奏樂器→鋼琴
  廣播訊息：piano

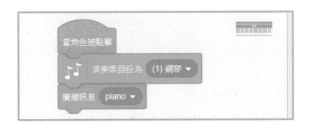

ⒸⒸ 吉他的動作

1 選取角色：吉他
2 建立指令如右圖：
  指定：演奏樂器→吉他
  廣播訊息：guitar

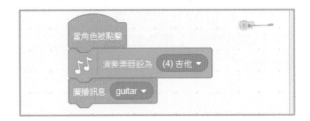

ⒸⒸ 馬林巴的動作

1 選取角色：馬林巴
2 建立指令如右圖：
  指定：演奏樂器→馬林巴
  廣播訊息：marimba

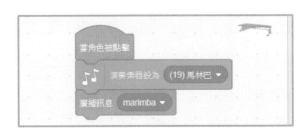

◎ 黃色外框的動作

收到樂器被選取的訊息後，黃色外框必須
作適當的移動，以框住被選取的樂器。

1 選取角色：y_box

2 完成程式，如右圖：

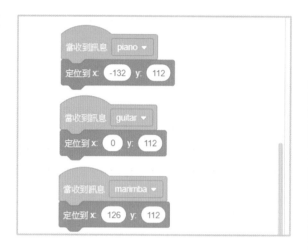

> **說明** 3 種樂器的位置可由右圖
> 查詢 x、y 座標：

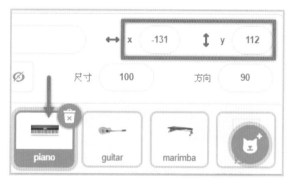

測試結果：

- 點選不同樂器時，黃色外框移動正確
- 點選不同樂器時，播放的樂器並沒有
  改變

> **說明** 切換樂器的指令被分別寫在 3 種樂器角色中，但實際播放音樂的【Play】函
> 式卻是放在球角色中，因此不發生作用。

◎ 修正球的程式

- 在球的程式中加入切換樂器指令，如下圖：

測試結果：

- 一切正常

程式架構

ⓒ 球的程式架構

A：按鍵彈琴　B：程式彈琴　C：彈奏副程式　D：樂器選擇

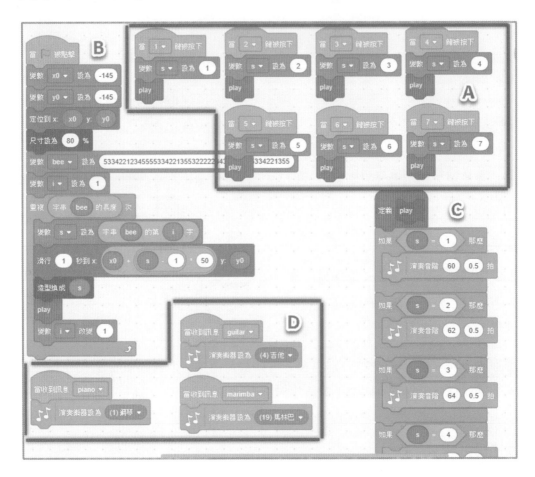

ⓒ 專案命名

ⓒ 發揮創意

■ 請以程式繪製背景圖案【鋼琴鍵盤】

NOTE

專案
08

小精靈吃蘋果

專案企劃

發想

■ 第1階段：

小精靈吃蘋果，操作者使用：↑上、↓下、←左、→右鍵控制小精靈的移動方向，並產生動態效果、音效。

■ 第2階段：

在舞台中佈置路障，分為3種階段：

A 隨機式

B 亂中有序式

C 街道式

角色：小精靈、蘋果、路障

舞台：白色背景

動作：小精靈移動、吃蘋果、音效

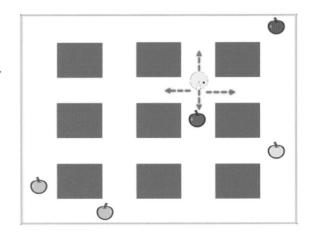

建立舞台背景

本專案使用系統預設白底舞台。

建立角色、造型

建立角色：小精靈

1 選個角色→繪畫

2 繪製一圓形：

　尺寸：30×30

　外框粗細：2；顏色：黑

　填滿：黃色

3 使用【重新塑形】工具

　在右邊找 3 個點向中心拖曳

4 以圓形繪製黑眼球，如右圖

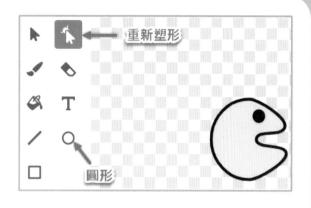

5 以【選取】工具

　拖曳選取黃色圓形與黑眼球

　點選：建立群組

6 拖曳圖形

　讓圖形中心點位於畫布中心點

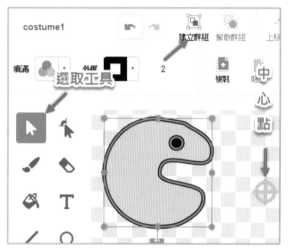

7 複製造型 1 為造型 2

　調整 A 點、C 點位置

　將開口變大

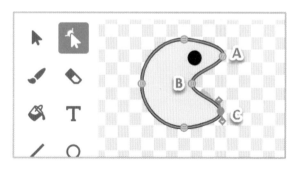

建立角色：Apple

1 選個角色→選個角色：apple

2 複製為 5 個造型

3 以【填滿】工具為 5 個蘋果上色

　結果如右圖

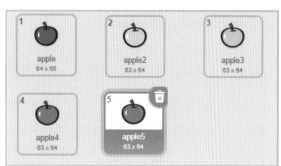

建立角色：路障

1 自行繪製紅色方塊

　尺寸：80×60

　填滿：紅色

　外框：無

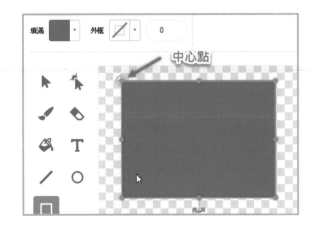

2 將方形的左上角置於畫布中心點

> 說明 配合舞台的寬度：480×360，因此大致規劃路障大小：80×60，橫向可以擺
> 6 個、縱向也可擺 6 個。

功能說明 20：利用 Word 幾何圖形繪製小精靈

1 在 Word 系統中：插入→圖案→開口圓形。

2 調整開口角度。

3 在開口圓形中加入一小實心圓（黑色），將開口圓填滿顏色改為黃色→ P1。

4 複製 P1 圖片，調整開口角度，移動實心圓角度→ P2。

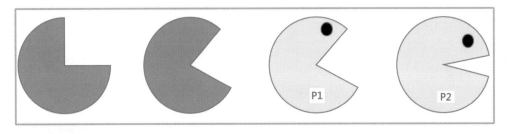

以鍵盤移動小精靈

任務： 趴趴走，吃蘋果！

效果： 1. 根據操作者按下的上、下、左、右鍵來前進。

　　　 2. 行進間要產生開口、閉口 → 吃蘋果的動畫效果。

　　　 3. 行進時遇到邊界就穿牆而過：「右出左進、上出下進」

ⓒ 動作 1：設定起始位置

程式開始前先將小精靈移動至舞台中央位置。

1　選取角色：小精靈

　　點選：程式標籤

2　設定小精靈位於舞台中央位置

　　建立指令如右圖：

ⓒ 動作 2：根據上、下、左、右鍵改變角色方向

1　建立 4 個【事件】，並依序修改參數：向上、向下、向右、向左，如下圖：

2　在每一個按鍵事件下方插入指令，如下圖：

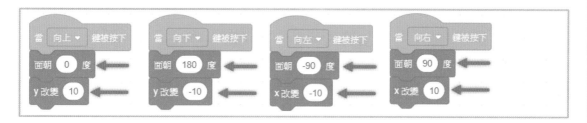

> **說明**　按下【↑】鍵→向上移動 10 點、圖片朝向上方，依此類推。

行進方向	➡	⬅	⬇	⬆
角色面向				

測試：

- 使用上、下、左、右鍵
  控制小精靈移動
- 向左前進時，小精靈頭朝下
  不正常！

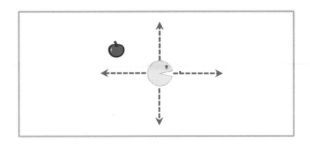

3 在上、下、左、右鍵事件分別加入迴轉方式指令：
  向左鍵：【左 - 右】、其餘的：【不設限】

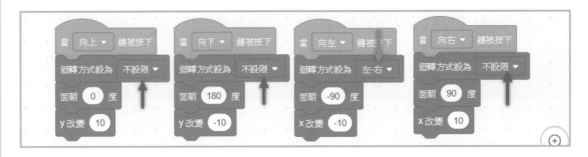

🅒 動作 3：行進中開口閉口

我們希望小精靈在行進間可以有「開口」、「閉口」的效果，因此不論按下任何鍵，讓小精靈移動的同時，以換【造型】來形成動畫效果。

- 建立一個新事件
  如右圖：

功能說明 21：切換造型

一個角色可以有多個造型，造型切換可以產生有 3 個效果：

A 變換角色樣子　　**B** 變換角色顏色　　**C** 產生動畫效果

切換造型的指令：

A 循環切換造型
B 指定造型編號

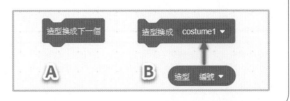

ⓒ 動作 4：右出左進

當小精靈超出邊界時，會被卡在邊界上，十分不自然，我們建議使用「右出左進」、「上出下進」的技巧，會讓小精靈的行進變得非常順暢，請參考右圖：

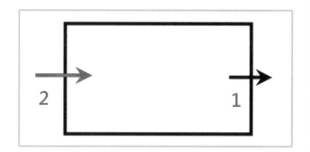

1 修改【向右】鍵程式
   如右圖：

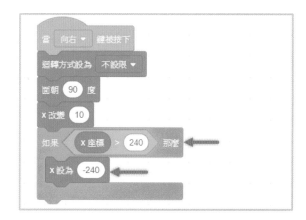

> **說明** 如果小精靈向右移動超過右邊界（ X>240）→ 讓小精靈由左邊界跑進來（X = -240）。

2 修改【向左】鍵程式
   如右圖：

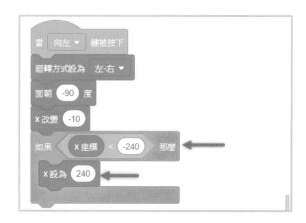

3 修改【向上】鍵程式

如右圖：

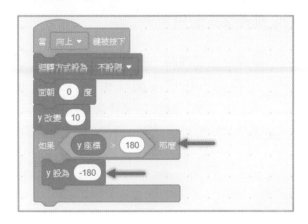

4 修改【向下】鍵程式

如右圖：

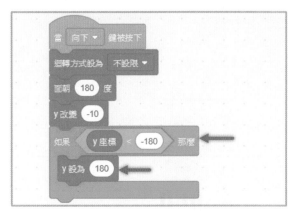

蘋果動作

舞台上隨機產生 5 個蘋果，每一個蘋果要不斷變換顏色，當蘋果被小精靈「碰到」就代表被吃掉了，必須消失，5 個蘋果都被吃了就結束遊戲。

Ⓒ 動作 1：產生分身

本遊戲需要產生 5 個蘋果，使用「分身」，要幾個蘋果都不是問題！

1 點選角色：蘋果

點選：程式標籤

2 隱藏蘋果本尊

建立指令，如右圖：

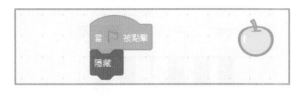

> 說明 蘋果本尊只用來產生分身，小精靈要吃的是蘋果的分身，因此將本尊隱藏起來。

3 以重複指令產生 5 個分身
建立指令，如右圖：

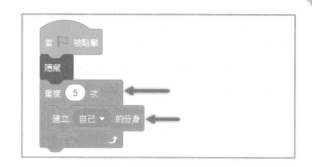

Ⓒ **動作 2：分身的設定**

分身產生後：

A 我們以隨機取數將它散佈在舞台中

B 蘋果分身會不斷變換造型

C 若被小精靈碰到就消失。

1 建立【當分身產生】事件
如右圖：

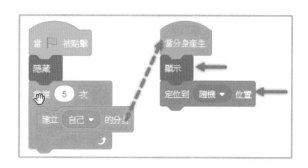

> **說明** 定位到【隨機】位置，是一個相當方便的指令。測試發現，蘋果太大了，應
> 縮小尺寸。

2 修改指令如下：

A 蘋果縮小尺寸 50%

B 使用重複指令
以碰到小精靈作為結束條件
b1. 換造型
b2.【等待】指令
（讓變換造型的動作減緩下來）

C 結束重複指令後，刪除分身
（蘋果消失）

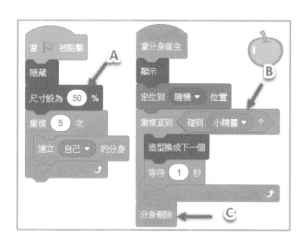

測試結果：

- 一切順利正常，再來我們要幫遊戲加上一點音響效果：

    A. 小精靈行進間播放系統提供範例音效：Water Drop。

    B. 蘋果被吃掉時播放自行錄製的音效：GG。

> **功能說明 22：音效**
>
> 音效與舞台、角色、造型的運作模式都是相同，可以：自行設計、由範例庫選取、由電腦中選取檔案。
>
> 每一個聲音都是屬於單一角色的，因此建立聲音時，必須先選擇角色。

音效建立與應用

Ⓒ 動作 1：選取小精靈行進音效

1 選取角色：小精靈

2 點選：音效標籤

（系統提供預設音效檔：Pop）

3 刪除：Pop

4 選個音效→選個音效，檔案：Water Drop

拖曳選取範圍如下圖，點選：刪除鈕

輸入音效名稱：Go

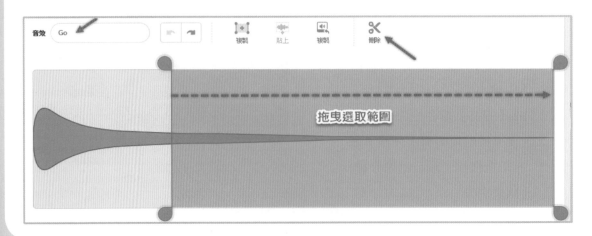

> **說明** 這個聲音是蘋果行進時所播放的聲音，刪除後方的微弱聲音，是希望聲音的
> 效果是比較短促的。

ⓒ 動作 2：錄製蘋果消失音效

1. 選取角色：蘋果
   選個音效→錄製
   出現如右圖畫面
   點選【錄製】後
   對著麥克風發出聲音即可開始錄製

2. 點選：錄製鈕
   對著麥克風連續 3 次發出聲音
   點選：停止錄製鈕
3. 拖曳選取：
   音效前方、後方無效的區段
   點選：儲存鈕

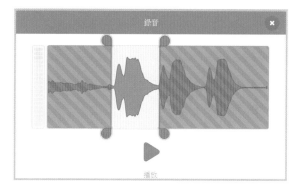

> **說明** 選取的部分是會被刪除的部分，連續發音 3 次是為了可以挑選出一段比較好
> 的部分。

4. 輸入音效名稱：GG

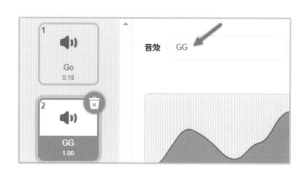

動作 3：播放音效

1 選取角色：小精靈

點選：程式標籤

修改【任何鍵】程式

插入：播放音效【Go】

如右圖：

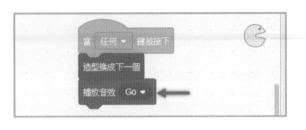

2 選取角色：蘋果

修改【當分身產生】事件

在【刪除分身】上方插入指令

播放音效【GG】

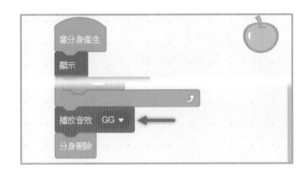

測試：

A. 小精靈移到中央

B. 產生 5 個蘋果（不斷變色）

按上、下、左、右鍵

讓小精靈跑來跑去

（發出聲音 + 開口閉口 + 面向）

C. 小精靈碰到蘋果

（蘋果消失 + 發出 GG 音效）

問題 1：蘋果都是同一顏色

問題 2：蘋果不會移動

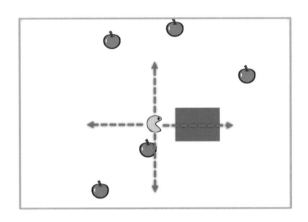

動作 4：隨機移動的蘋果

■ 修改【當分身產生】程式

如右圖：

A 方向：隨機

B 不斷移動

C 碰到邊緣就反彈

D 以隨機變數讓移動速度不規則

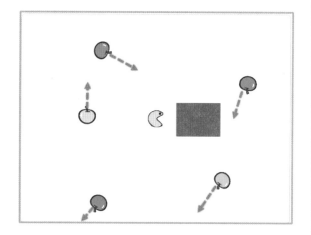

測試：

■ 每一個蘋果：
　　顏色不同
　　方向不同
　　速度不同
　　遇到邊界就反彈

說明　小精靈、蘋果的程式都尚未完成，目前是第 1 個版本，後續還要加入角色：路障。

布置路障

讓小精靈及蘋果在舞台上到處亂跑顯得很不專業，這一節我們開始要在舞台上布置一些路障，分為 3 個階段：隨機路障、亂中有序的路障、整齊的街道。

隨機路障

我們將舞台規劃為 6 欄 6 列，路障鋪滿舞台上總共：6×6 = 36 片，我們設定覆蓋度 1/3，也就 12 片。

1 建立變數：

x：舞台欄數

y：舞台列數

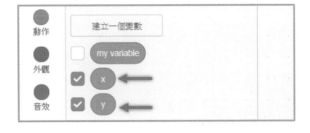

2 選取角色：路障

3 建立產生分身程式碼：

A 先隱藏路障本尊

B 產生 12 個路障分身

C 系統暫停 0.1 秒

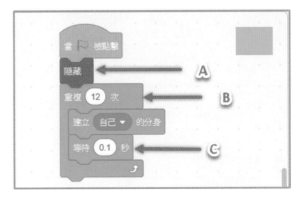

> **說明** 若少了 C 步驟，由於電腦運作速度太快，下一節程式中的變數值將會產生干擾！

4 建立分身動作程式碼：

A 顯示分身

B 隨機取數：x，欄數

C 隨機取數：y，列數

D 以 x、y 定位路障位置

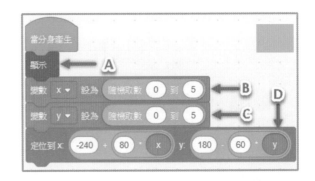

> **說明** 舞台左上角位置座標：x = -240、y = 180。路障往右移一格 +80、往下移一格 -60。

測試：

■ 執行結果如右圖：

請注意觀察上方執行結果：11 個路障，因為其中 1 個「重疊」了！

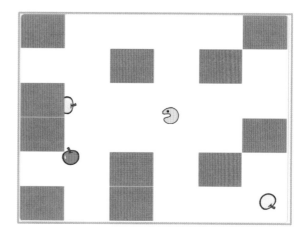

> **說明** 隨機方式產生路障兩大問題：A. 分配不均勻 B. 產生重疊。

不會重疊的路障

不讓抽選的路障重疊的方法有很多種，但限於程式技巧，我們目前採用最簡易的方法：3 選 1，請看下表說明：

12 個路障區域			每一個路障區分成 3 小格					
0	1		0x3 + 0	0x3 + 1	0x3 + 2	1x3 + 0	1x3 + 1	1x3 + 2
2	3		2x3 + 0	2x3 + 1	2x3 + 2	3x3 + 0	3x3 + 1	3x3 + 2
4	5		4x3 + 0	4x3 + 1	4x3 + 2	5x3 + 0	5x3 + 1	5x3 + 2
6	7		6x3 + 0	6x3 + 1	6x3 + 2	7x3 + 0	7x3 + 1	7x3 + 2
8	9		8x3 + 0	8x3 + 1	8x3 + 2	9x3 + 0	9x3 + 1	9x3 + 2
10	11		10x3 + 0	10x3 + 1	10x3 + 2	11x3 + 0	11x3 + 1	11x3 + 2
編號 C1 = 0 ~ 11 共 12 個數字			C2 = C1×3 + 0 或 1 或 2 0 ~35 共 36 個數字					

每一個路障區中抽選出一格，這樣就不會有重疊的情況發生！

- 修改路障程式，如下圖：

  A 重複 12 次：12 個路障區，C1 = 0 ～11

  B 每一個路障區 3 選 1，C2 = 0～35

  C 將 C2 編號換算為 6 欄 6 列的欄數

  D 將 C2 編號換算為 6 欄 6 列的列數

  E 將欄數列數換算為座標位置

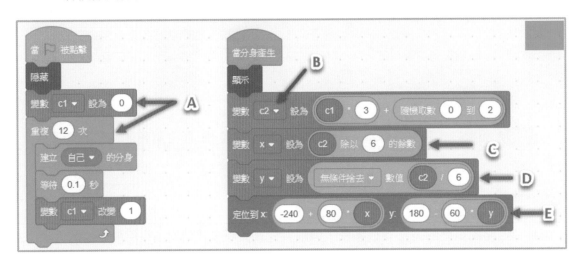

說明 0~35 格換算為 6 欄 6 列：

第 1 列：0~5、第 2 列：6~11、…、第 6 列：30~35

Y（列數）= C2 /6 取整數

X（欄數）= C2 /6 取餘數

範例 1：C2 = 5 → X = 5/6 取整數 = 0，→ Y = 5/6 取餘數 = 5→第 0 列第 5 格

範例 2：C2 = 17 → X = 17/5 取整數 = 3，→ Y = 17/5 取餘數 = 2→第 3 列第 2 格

欄數、列數換算為座標位置：

左上角：第 0 欄、第 0 列→座標：

240、180

往下 1 列：Y 軸減 60

往右 1 欄：X 軸加 80

計算如右圖：

0,0 -240,180	1,0 -160,180	2,0 -80,180	3,0 0,180	4,0 80,180	5,0 160,180
0,1 -240,**120**	…	…	…	…	…
0,2 -240,60	…	…	…	…	…
0,3 -240,0	…	…	…	…	…
0,4 -240,**-60**	…	…	…	…	…
0,5 -240,**-120**	…	…	…	…	5,5 160,-120

測試：

■ 執行結果如右圖：
　雖然不會產生重疊現象
　但仍然會形成死角
　因此不是一個好的設計！

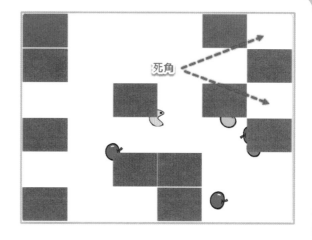

◎ 街道式路障

棋盤式擺放路障，欄、列皆間隔擺放，整個畫面井然有序。

1 建立重複分身
　每一列重複 3 次
　每一欄重複 3 次
　（擺一個間隔一個→ 6/2 = 3）

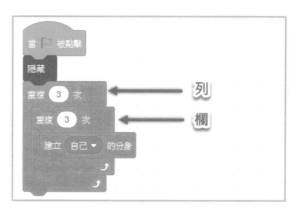

2 建立欄計數器
　外圈：列計數器歸零
　　　：列計數器 + 1（累進 1）
　內圈：欄計數器歸零
　　　：欄計數器 + 1（累進 1）

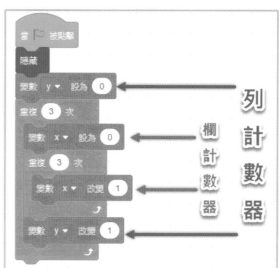

3 建立分身

等待指令

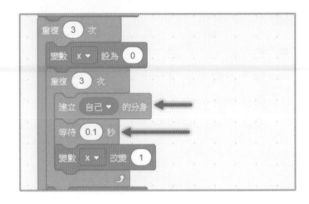

4 建立分身動作程式碼：

由於間隔擺放，因此：

A 路障橫向間距 80×2 = 160

B 路障縱向間距 60×2 = 120

測試：

■ 執行結果

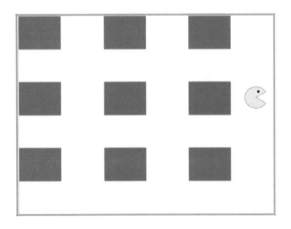

■ 希望修正結果

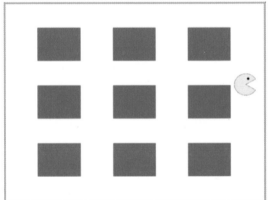

| 說明 |

橫向走道寬度 A

＝（舞台寬度 − 路障寬度 × 3）/ 4

＝（480 − 80×3）/4 = 60

縱向走道寬度 B

＝（舞台 − 路障 × 3）/ 4

＝（360 − 60×3）/4 = 45

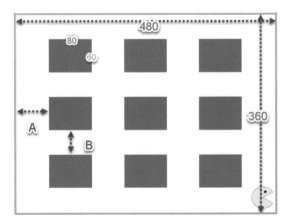

5 將路障往中間移動

A X 軸起始點：-240 + 60 (A)= -180

X 軸移動量：80 + 60 (A) = 140

B Y 軸起始點：180 - 45 (B)= 135

Y 軸移動量：60 + 45 = 105

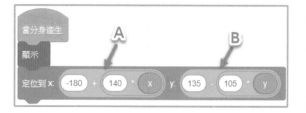

測試：

■ 路障正確顯示

小精靈與蘋果的位置卻會與路障重疊，因此小精靈、蘋果的位置必須做修正。

■ 路障完整動作如下圖：

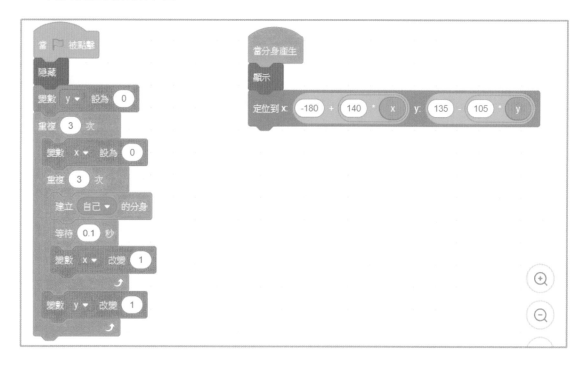

小精靈、蘋果程式修正

小精靈的起始位置是以亂數產生，有可能重疊於路障上，這是不合理的！因此必須重新計算，讓小精靈、蘋果分身的起始位置落在走道上，而且移動時必須走在走道上，不可穿越路障。

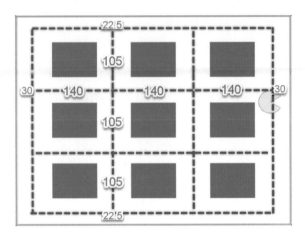

- Y 軸 4 個定點：

    A $180 - 23 - 0 \times 105 = +157$

    B $180 - 23 - 1 \times 105 = +52$

    C $180 - 23 - 2 \times 105 = -53$

    D $180 - 23 - 3 \times 105 = -158$

    → $Y = 157 - (0 \sim 3) \times 105$

- X 軸 4 個定點：

    A $-240 + 30 + 0 \times 140 = -210$

    B $-240 + 30 + 1 \times 140 = -70$

    C $-240 + 30 + 2 \times 140 = +70$

    D $-240 + 30 + 3 \times 140 = +210$

    → $X = -210 + (0 \sim 3) \times 140$

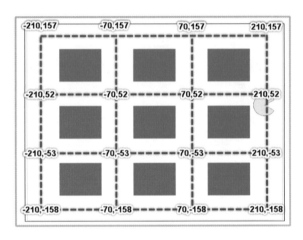

修正小精靈程式

1　選取角色：小精靈

2　修正小精靈起始位置，如下圖：

3 修正小精靈移動程式

當碰到路障時：

A 如果向上→往下進

B 如果向下→往上進

C 如果向右→往左進

D 如果向左→往右進

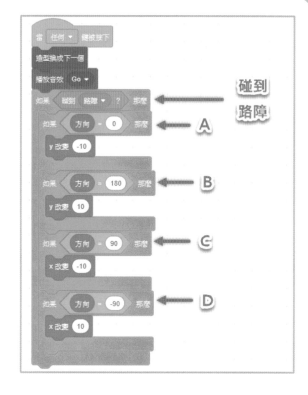

修正蘋果程式

1 選取角色：蘋果

2 修正蘋果分身起始位置，公式與小精靈相同，下圖 A：

3 修正蘋果分身移動方向：

只能在通道中行走，因此只有 4 個方向：

上 (0 度)、右 (90 度)、下 (180 度)、左 (270 度) = (0 ~3)×90，如下圖：

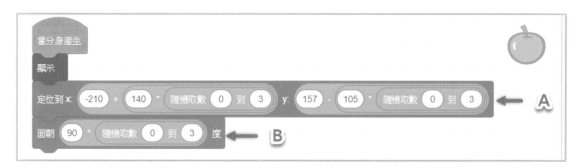

4 修正蘋果分身移動程式

　A 當碰到路障時：

　B 反向移動

　C 順時針轉動 90 度

■ 測試結果如右圖：

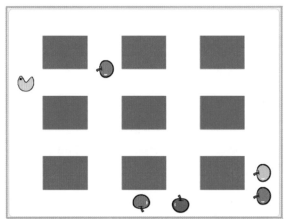

ⓒ 專案命名

ⓒ 發揮創意

■ 將背景改為通道圖片，小精靈只能在通道範圍內移動。

■ 請將專案做一個遊戲結束的場景切換→出現 Game Over! 或 Win! 的圖片。

NOTE

打磚塊

專案企劃

發想

彈力球打磚塊，磚塊由系統產生，彈力球由底部發出，彈力球碰到磚塊後，彈力球反彈、磚塊消失。

操作者以左、右鍵控制檔板的左右移動，彈力球碰到：磚塊、邊界、檔板都會產生反彈的動作，彈力球碰到底板則判定失敗，由底部重新發球，一局遊戲玩家共有 3 次機會。

角色：彈力球、磚塊、檔板、底板
舞台：空白舞台
動作：A. 球的移動、反彈
　　　B. 磚塊的產生、消失
　　　C. 檔板的移動

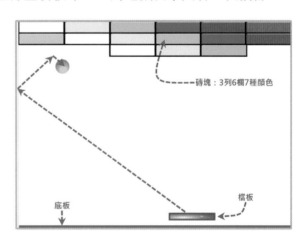

磚塊：3列6欄7種顏色

底板

檔板

建立舞台背景

■ 背景 1：
　系統預設白底舞台
　遊戲進行時使用

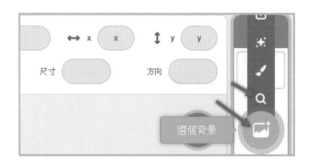

選個背景

- 背景 2：

  選個背景→選個背景

  檔案：party

  遊戲結束時使用

建立角色、造型

建立角色：彈力球

- 選個角色→選個角色：ball

  5 個不同顏色的球

建立角色：磚塊

- 選個角色→繪畫

  尺寸：80×20

  顏色：紅

- 設定角色中心點

  磚塊左上角

  （舞台上定位較方便）

- 複製 7 個造型

  填上不同顏色

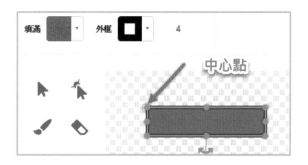

> **說明** 磚塊寬度 = 舞台寬度 / 6 =
> 480 / 6 = 80，舞台橫列只有 6 個磚
> 塊的空間，我們提供 7 個顏色造型，
> 可讓每一列產生顏色變化。

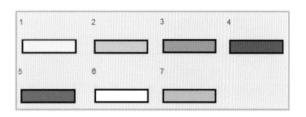

建立角色：檔板

- 選個角色→繪畫

  尺寸：90×15

  顏色：黑

  中心點：左上角

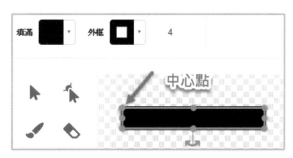

建立角色：底板

- 選個角色→繪畫

  尺寸：480×10、顏色：咖啡

  中心點：左上角

配角的動作

底板：是靜止不動的，因此只有起始位置設定。

擋板：除了起始位置設定外，多了左、右按鍵的動作。

◎ 動作 1：底板的設定

- 選取角色：底板

  點選：程式標籤

  設定底板位置，如右圖：

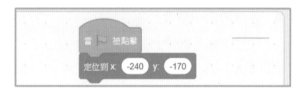

◎ 動作 2：擋板的設定

- 選取角色：擋板

  點選：程式標籤

  設定擋板位置，如右圖

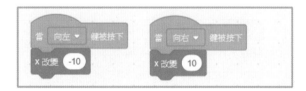

◎ 動作 3：擋板的動作

- 按右鍵→向右移動

  按左鍵→向左移動

  結果如右圖：

磚塊動作

- 以磚塊本尊產生分身，分身排列顯示在舞台上方：6 欄 3 列
- 起始點位置：x：-240、y：180
- 分身依序套用不同顏色造型
- 當磚塊被球碰到分身就會消失
- 所有分身消失→遊戲結束→切換舞台：party。

動作 1：程式主結構：3 列 ×6 欄

1 選取角色：磚塊，點選：程式標籤
2 建立程式主架構如右圖：
　A 設定：起始位置、隱藏本尊
　B 3 列
　C 6 欄

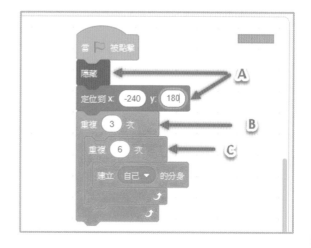

> 說明 磚塊本尊只用來產生分身，球要撞擊的是磚塊的分身，因此我們要將本尊隱藏起來。

動作 2：依序移動位置

1 磚塊寬度 80 高度 20
　A 橫向欄間隔：80
　B 磚塊依序排列，同時變換造型
　C 縱向列間距：20
　D 每一列重新開始 X 座標 -240

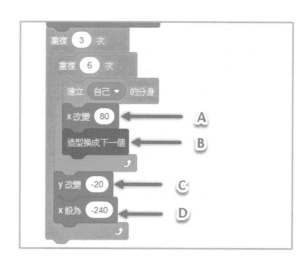

2 建立【當分身產生】事件
　插入指令：顯示

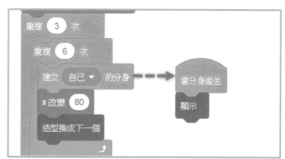

3 不斷偵測是否被球撞擊

成立：結束重複→分身消失。

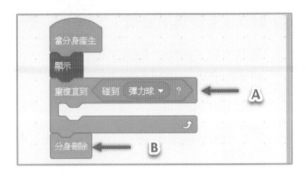

4 在主程式最下方插入：

廣播訊息【磚塊完成】

> **說明** 彈力球在收到【磚塊完成】
> 訊息後，才能發射出去！

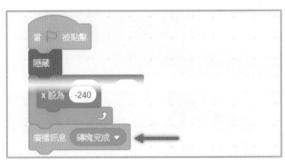

ⓒ 動作 3：清空所有磚塊

在【建立分身】前設定計數器，在【刪除分身】前加入計數器動作，計數到 6×3 = 18
就代表清空磚塊了，遊戲結束切換舞台！

1 建立變數：

C：計數器

2 產生分身前：

A 計數器歸 0

3 球碰到磚塊後

B 計數器 +1

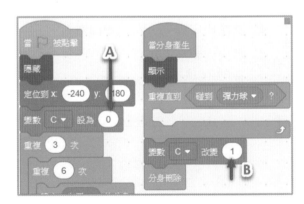

4 計數器 +1 後檢查技術器的值

A 如果：C = 18（最後一個磚塊）

B 成立：變換舞台背景

C 成立：結束遊戲

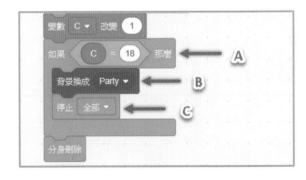

■ 磚塊完整程式如下圖：

```
當 ▶ 被點擊
隱藏
定位到 x: -240 y: 180
變數 C ▼ 設為 0
重複 3 次
  重複 6 次
    建立 自己 ▼ 的分身
    x 改變 80
    造型換成下一個
  y 改變 -20
  x 設為 -240
廣播訊息 磚塊完成 ▼
```

```
當分身產生
顯示
重複直到 〈 碰到 彈力球 ▼ ？ 〉

變數 C ▼ 改變 1
如果 〈 C = 18 〉 那麼
  背景換成 Party ▼
  停止 全部 ▼
分身刪除
```

球的動作

一局遊戲有 3 個球，球要在舞台中跑來跑去，行進的規則：

■ 新球發球角度：隨機取數→ -60 ～ 60 度

■ 碰到左、右邊界：反彈（系統）

■ 碰到磚塊：反彈（角度 = 180 – 入射角）

■ 碰到擋板：反彈（角度 = 180 – 入射角）

■ 碰到底板：分身消失，產生新球（或結束）

◎ 動作 1：設定起始狀態

1 選取角色：彈力球

　　點選：程式標籤

2 建立角色起始事件：

　　A 當收到訊息【磚塊完成】

3 起始設定：

　　B 縮小彈力球

　　C 新球的起始位置

　　D 新球的發球角度

4 讓球不停的移動

　　E 重複→移動 10 點

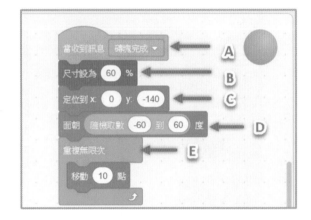

> **說明** 磚塊建立完成後，彈力球才
> 可以開始動作！
> 每一個新球的起始狀態包括：
> ・位置、發球角度。
> ・發球角度必須向上
> 因此我們設定亂數值：-60～60。

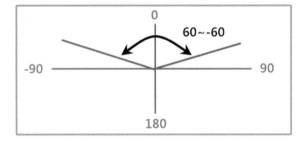

◎ 動作 2：各種【碰到】的處理

碰到左、右邊界：

　　A【反彈】

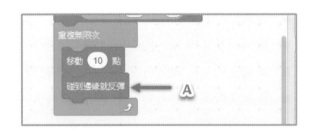

碰到擋板：

　　B【如果】碰到【擋板】

　　C 成立：設定反彈角度

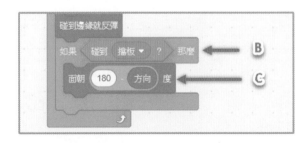

碰到磚塊：

D 在 B 的條件參數中插入【或】

E 增加：碰到【磚塊】偵測

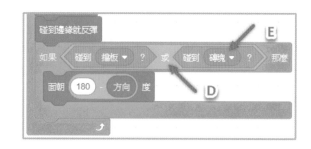

> **說明** 反彈 = 180 度 - 入射角。

碰到底板：

F【如果】碰到【底板】

G 成立：造型換下一個

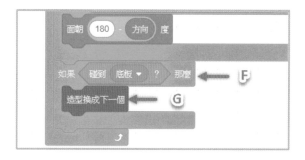

測試：

■ 球碰到邊緣→反彈正確

■ 球碰到檔板→反彈角度正確

■ 球碰到底板→換一顆球

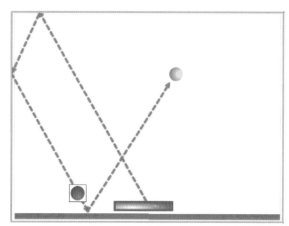

程式分析：

一局遊戲要發 3 次球，但是我們目前所完成的程式（如右圖），將產生以下幾個問題：

- 新球不會重新定位
  新球不會重新定方向
- 缺少計數 3 次就停止遊戲的功能

我們要將上面的程式稍作改良，使「新球」獨立為一個程式，讓別人或它自己來重複執行它！

ⓒ 動作 3：程式的結構化

1 將一個新球完整動作移至：
   右邊空白處，如右圖：

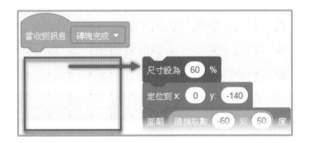

2 在【當收到訊息…】下方
   A 建立廣播訊息【發新球】
3 在原程式上方：
   B 建立收到訊息【發新球】
   結果如右圖：

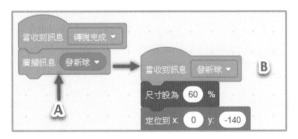

> 說明 目前程式的功能與原版的完全相同，但一個新球動作被獨立出來了！

4 在【造型換成下一個】下方：
插入：廣播訊息【發新球】

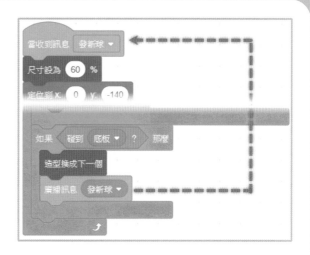

測試：

■ 碰到底板後，真的重新發球！

5 遊戲開始時→使用造型 1
插入切換造型指令

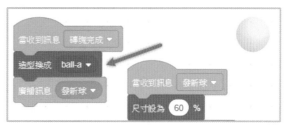

6 換造型時檢查造型編號
如果：造型編號 > 3 → 結束遊戲

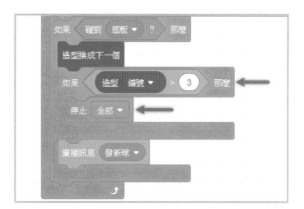

測試：

■ 以上 3 個問題全部解決！

■ 清空所有磚塊後
出現 party 舞台背景
遊戲結束！

■ 彈力球完整動作如下圖：

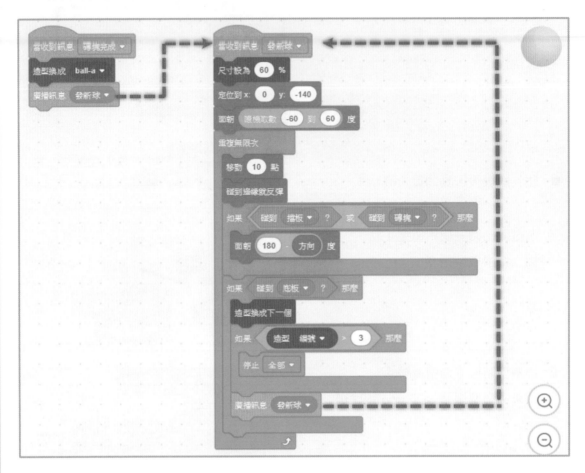

Ⓒ 發揮創意

球碰到擋板時：

Ⓐ 擋板移動水平方向與球行進水平方向一致

→反射角 = 180 - 入射角

Ⓑ 擋板移動水平方向與球行進水平方向相反

→反射角 = - 入射角

NOTE

專案企劃

發想

將不同形狀的【填充方塊】拖曳至方格棋盤中，填滿一列或一欄便以【清除方塊】覆蓋，並累計得分。

角色：方塊、計分數字

舞台：30×30 方格

動作：A. 將方塊填入方格中

B. 欄、列清除

C. 計分

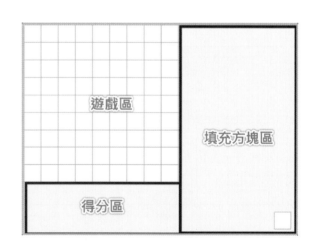

建立舞台背景

1 選個背景→選個背景

　檔案：Xy-grid-30

2 點選：轉成向量圖

3 A 在左下角繪製一個黃色方形

　　（作為分數顯示區）

　B 在右側繪製一個黃色方形

　　（作為填充方塊區）

4 刪除預設空白舞台

建立角色、造型

建立角色：填充方塊

- 選個角色→上傳

  檔案：…\pic\ 填充方塊
- 造型的中心點→左上角

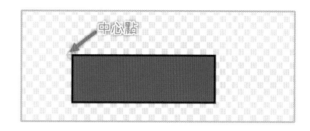

- 造型：編號 1～5 如下表

造型編號	1	2	3	4	5
圖樣					
長 × 寬	90×30	60×30	30×90	30×60	30×30

建立角色：清除方塊

- 選個角色→上傳→檔案：…\pic\ 清除方塊

建立角色：百分位

- 選個角色→選個角色→檔案：Glow-1

  選個造型→選個造型→檔案：Glow-2

  重複選取造型：Glow-3、Glow-4、Glow-5、Glow-6、…
- 造型：10 個造型，長×寬均為 70×50，如下表：

造型編號	1	2	3	4	5
圖樣					
造型編號	6	7	8	9	10
圖樣					

建立角色：十分位，直接複製百分位
建立角色：個位數，直接複製百分位

遊戲流程、作業分析

積木填充遊戲流程分析

A 新遊戲開始：

- ▶ 還原舞台畫面
- ▶ 還原 9×9 方格填充紀錄
- ▶ 設定積木起始位置

  > **說明** 我們將建立 data 清單來記錄 9×9 方格的填充狀態。

B 玩家重複拖曳填充方塊至 9×9 方格內：

- **a** 定位檢查：填充方塊是否位 9×9 方格內？
- **b** 填入檢查：填充方塊位置是否有重疊？
- **c** 列檢查：若有一整列被填滿→清除該列方塊→累積分數
- **d** 欄檢查：若有一整欄被填滿→清除該列方塊→累積分數

data 清單：9×9 方格填充記錄

遊戲的核心：9×9 方格，我們將使用 data 清單記錄每一方格是否被填滿，因此建立 data 清單並新增 81 筆紀錄，每一筆紀錄用來儲存每一個方格狀況：

0：未填滿、1：已填滿

資料清單建立作業只需要系統建立時執行一次，由於不是常規作業，筆者建議將此作業程式寫在舞台中。

1 建立資料清單：data
選取：舞台，選取：程式
建立程式如右圖：

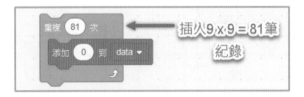

2 在重複指令上按右鍵

選取：添加註解

3 輸入：【建立 9×9 = 81 筆紀錄】

結果如右圖：

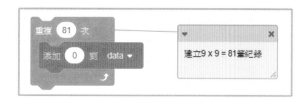

功能說明 23：添加註解

程式或指令若一段時間沒有使用或編輯，常常就會忘了當時設計的用意，因此為了降低日後維護或將系統交給他人維護時的成本，所有系統都會提供在指令中加上註解的功能，這些註解文字不會被執行，但可大幅提高程式或指令的可讀性。

---

4 在重複指令上連點滑鼠 2 下

（執行指令）

■ 產生 81 筆資料

填入：0

如右圖：

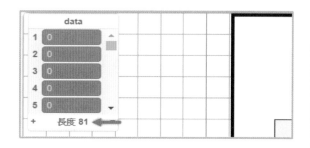

> **說明** 此作業只在系統建立時執行一次便沒用了，加上註解有助於日後系統維護時，立刻了解此程式碼的用途。

Ｃ 積木填充紀錄

當積木被成功的移入 9×9 方塊區中，我們便必須在 data 清單中加以記錄，並使用【蓋章】在方格中顯示已填入的格子。

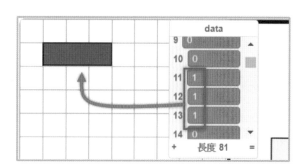

例如：第 2 列 2～4 格子被填充

動作：清單的 11、12、13 筆填入 1

公式：欄數 +（列數 -1）×9

填充方塊與填充方格相對關係

填充方塊有 5 個造型，組成的方格數、相對位置都不一樣，分析如下表：

造型	第 1 格	第 2 格：p2	第 3 格：p3	說明
		= p1 + 1	= p1 + 2	橫向：記錄數 +1
		= p1 + 1	= p1 + 1	沒有 p3，設定 p3 與 p2 重疊
	p1	= p1 + 9	= p1 + 18	縱向：記錄數 +9
		= p1 + 9	= p1 + 9	沒有 p3，設定 p3 與 p2 重疊
		= p1 + 0	= p1 + 0	沒有 p2、p3 設定 p2、p3 與 p1 重疊

定位檢查

填充積木必須被拖曳至 9×9 方格內，判斷的情況有兩種：

A 填充積木中心點在 9×9 方格內
B 填充積木整個都在 9×9 方格內

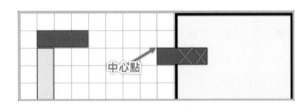

由於填充方塊有 5 種造型，若要檢查 B 狀況，邏輯性相對複雜，更會讓 data 清單的運作速度異常緩慢，為了簡化教學範例，我們採取有瑕疵的簡化版：狀況 A 檢查。

檢查時，我們會將填充積木的 x 座標、y 座標，轉換為 9×9 方格的欄數（變數 C：COLUMN）、列數（變數 R：ROW）。

檢查條件：R < 10、C < 10

填入檢查

通過定位檢查後，還必須作進一步的填入檢查，拖曳進來的填充方塊不可以與 9×9 方格內既有的方塊重疊。

列檢查、欄檢查

積木填入 9×9 方格後，系統就必須對每一列逐一作檢查，任一列被填滿就將它清空，允許後續繼續填入，清空時並累計得分。完成列檢查後就進行欄檢查，檢查的邏輯與累計得分與列檢查是一樣的。

檢查狀態

上方的 4 項檢查有優先順序關係，我們將用 check 變數加以管理：

完成：定位檢查 → check = 1

完成：填入檢查 → check = 2

完成：列檢查 → check = 3

完成：欄檢查 → check = 4

清除方格動作

- 使用【清除方塊】重新覆蓋方格，達到清除【填充方塊】的效果。
- 將 data 清單紀錄中相對應的資料由【1】：已填滿，更改為【0】：未填滿。

填充方塊的動作

前置作業：建立積木

根據上方的流程分析的結果，我們可以將每一個功能獨立為一個標準作業，也就是 Scratch 系統中所謂的【積木】，將一個大程式分割為許多積木，再將這些積木根據作業流程組合起來，就是所謂的【結構化程式設計】，這樣將可使得整個系統架構變得非常清楚，5 個積木建立如下：

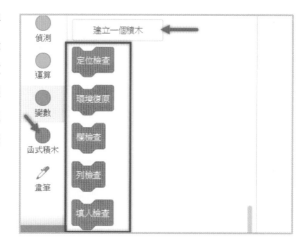

1 建立【環境復原】積木

2 建立【定位檢查】積木

3 建立【填入檢查】積木

4 建立【列檢查】積木

5 建立【欄檢查】積木

© 積木 1：環境復原

■ 建立環境復原指令如右圖：

　　A 清除前次遊戲殘餘畫面

　　B 設定填充方塊起始位置

　　C 重置 data 清單資料

　　　（所有紀錄更新為 0）

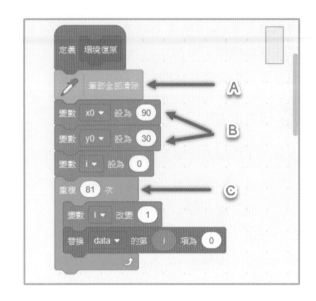

© 積木 2：定位檢查

9×9 方格 4 個角落座標如下：

	x、y 座標	欄、列座標
左上	-240 , 180	0 , 0
右上	0 , 180	8 , 0
左下	-240 , -60	0 , 8
右下	0 , -60	8 , 8

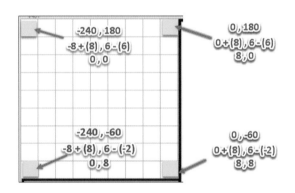

> **說明**
> -
> X 座標轉換為欄座標公式：(X 座標 / 30) + 8
> -
> Y 座標轉換為列座標公式：6 - (Y 座標 / 30)
> -

1 建立變數：

　　C：欄數 Column

　　R：列數 Row

2 建立轉換座標指令，如右圖：

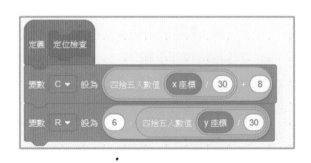

說明 大多數的玩家要將填充方塊精準定位於方格內是有難度的，指令中的四捨五入便是協助玩家作精準定位。例如：

X、Y 座標：108 , 105 → 轉換 欄列座標：4 , 2

四捨五入（ -108 / 30 ）+8 = 四捨五入（ -3.6 ）+ 8 = -4 + 8 = 4

6 -（ 四捨五入（105 / 30 ））= 6 -（ 四捨五入（ 3.5 ））= 6 – 4 = 2

3　建立變數：check（檢查階段）

4　插入定位、判斷指令

　　A 將填充方塊定精準位置：將欄數轉換為 X 座標、列數轉換為 Y 座標

　　B 如果：欄數 C、列數 R 皆小於 9（0~8）

　　C 成立→有效填入：將檢查狀態晉級為：2

　　D 否則→無效填入：彈回起始位置

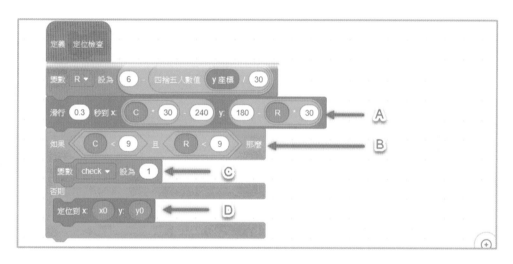

說明 A 我們使用【滑行…】指令，而非【定位】，因為經過測試，本範例使用【定位】指令在 2.0 版作業正常，但到 3.0 版卻無法做精確定位，因此改用【滑行…】指令。

C 積木 3：填入檢查

完成定位檢查後，接著進行填入檢查，我們必須將欄、列座標轉換為 data 清單相對紀錄數，公式：(列數 ×9) + (欄數 + 1)

範例 1：欄列座標 (0 , 0) = (0×9) + (0 + 1) = 1 →第 1 筆紀錄

範例 2：欄列座標 (2 , 3) = (2×9) + (3 + 1) = 22 →第 22 筆紀錄

1 建立變數：

　　x1、y1：填充方塊的中心位置

　　p1、p2、p3：3 個方格位置

2 建立紀錄程式基本架構

　　如右圖：

3 建立造型 1：

　　相對位置計算指令

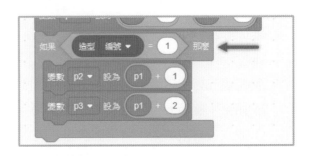

4 建立造型 2：

　　相對位置計算指令

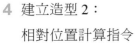

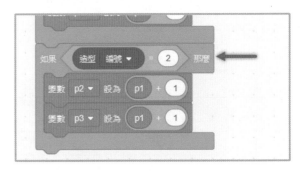

5 建立造型 3：

　　相對位置計算指令

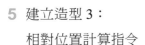

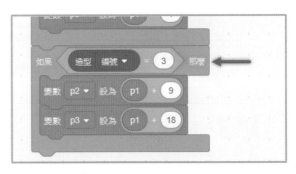

6 建立造型 4：

　　相對位置計算指令

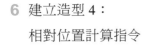

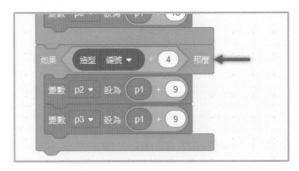

7 建立造型 5：

相對位置計算指令

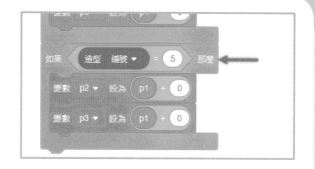

8 插入填充判斷指令：

A 如果：p1、p2、p3 都未被填充

B 成立：將 p1、p2、p3 位置相對應 data 清單紀錄的值更新為 1

C 成立：在 p1、p2、p3 方格內標示顏色

D 成立：進入第 2 階段檢查

E 否則：填入失敗、重新再來

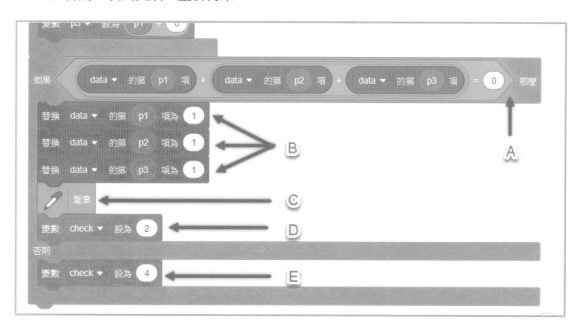

功能說明 24：蓋章

【蓋章】就是將造型的影像印記在舞台上，要清除此印記只能用【清除筆跡】指令，
而且是清除整個舞台上所有蓋章印記，無法單獨清除某一個蓋章印記。

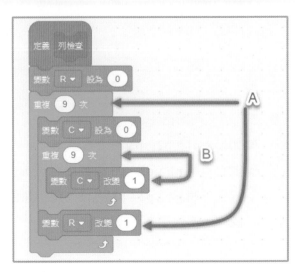

ⓒ 積木4：【列檢查】方塊

列檢查邏輯：0~8列→每一列0~8欄的值加總是否為9，因此必須有2層的重複指令。

1　建立變數：

　　R、R1：列計數器

　　C、C1：欄計數器

　　amt：欄或列加總結果

2　建立9欄×9列檢查架構

　　A　第1層：0~8列重複

　　B　第2層：0~8欄重複

3　插入加總指令：

　　A　設定加總起始值0

　　B　將某一列0~8欄的值作累加

> **說明**　請特別注意！0欄0列位置對應到 data 清單第1筆紀錄，因此必須做下方的修正。

4　將變數 C 起始值更改為 1

5　插入加總檢查指令

　A　檢查指令：列總和是否為 9

　B　成立：將 R 變數存入 R1 變數

　C　成立：廣播【列清除】訊息

6　插入檢查階段設定指令：

　D　設定：進入第 3 階段檢查

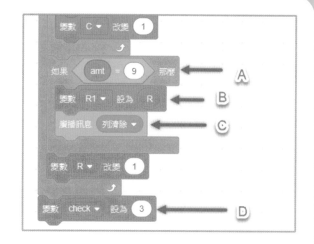

說明

・ 列清除的動作是由角色【清除方塊】執行，因此我們使用廣播訊息執行跨角色的動作執行。

・ 上圖 B 指令是 Scratch 寫程式的技巧：

執行【廣播訊息：列清除】後，會同時執行 2 個程式

---

a. 繼續往下執行【變數 R 改變 1】指令

---

b. 執行角色：清除方塊的【當收到訊息：列清除】事件

為了避免 b 程序執行中，R 變數不斷受到 a 程序的改變，因此執行上圖 B 指令！

積木 5：【欄檢查】方塊

欄檢查與列檢查的邏輯是相同的，只是將第 1 層由【列】重複改為【欄】重複，第 2 層由【欄】重複改為【列】重複，廣播訊息由【列清除】改為【欄清除】。

1　建立欄檢查程式→複製所有列檢查程式的指令

2　第 1 層重複修改：A. 計數器更改為 C（欄），起始值設定為：1

3　第 2 層重複修改：B. 計數器更改為 R（列），起始值設定為：0

　　　　　　　　　　C. 更改廣播訊息：欄清除

　　　　　　　　　　D. 設定：第 3 階段檢查完成

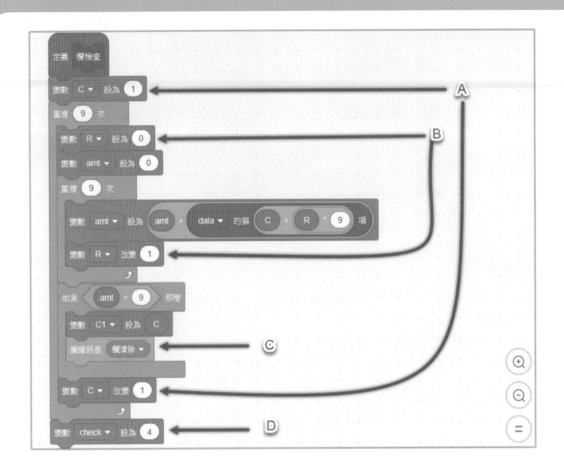

ⓒ 積木 6：主程式

上面的 4 個積木已經完成了所有關鍵動作，我們現在就要建立主程式，將所有的作業程序整合在一起。

1 建立作業流程架構如右圖：

A 遊戲開始，舞台環境復原

B 新的填充方塊
　定位設定、造型設定

C 4 個檢查

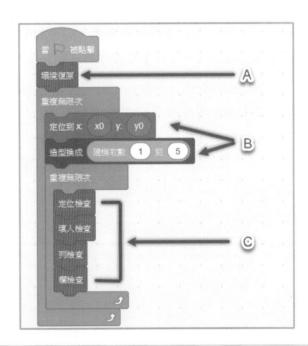

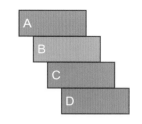

說明 上面只是一個流程架構，還不是精準的指令，接著我們要一步步修正！

4 個檢查並非同時進行，上面程序的寫法只是讓 4 個程式開始執行有先後順序，但程式執行過程中大部分的指令執行時間是重疊的，請參考右圖說明：

我們需要的是：【定位檢查】完成後才能進行【填入檢查】依此類推，請參考下圖：

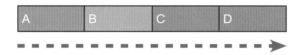

2 建立變數：

check：控制檢查階段

A 檢查狀態歸 0

B 完成 4 個檢查後，結束檢查

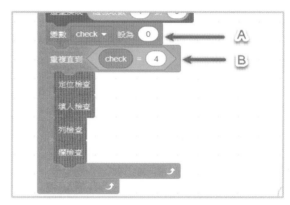

3 在 4 個檢查積木上加上狀況判斷

A check = 0 → 執行【定位檢查】

B check = 1 → 執行【填入檢查】

C check = 2 → 執行【列檢查】

D check = 3 → 執行【欄檢查】

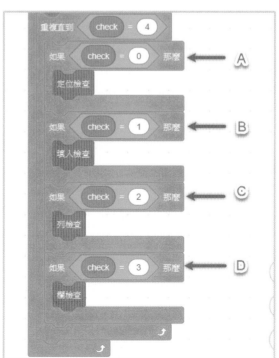

■ 填充方塊主程式、作業流程，如下圖：

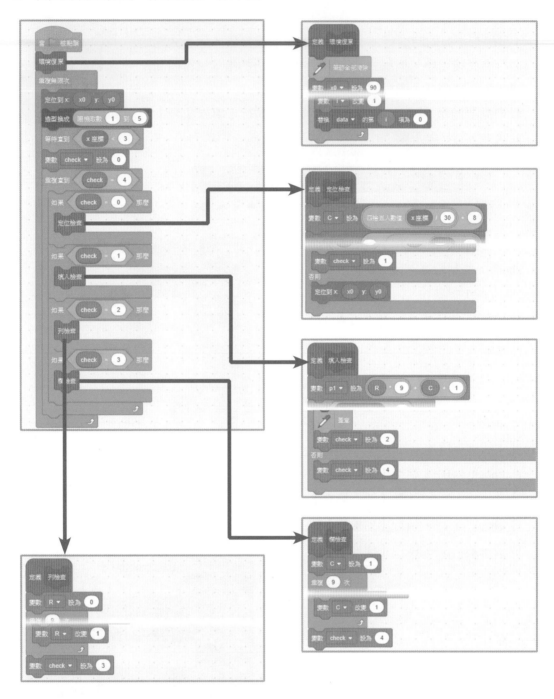

專案命名

發揮創意

改寫遊戲為 12×12 方格。

隔空打蝙蝠

專案企劃

發想

這是一個射擊遊戲，蝙蝠滿天飛，我們要用火炮來消滅蝙蝠。

本專案特別使用電腦上兩個感測器：
攝影鏡頭：根據肢體動作來控制火炮方向。
麥克風：根據聲音來控制砲彈發射。

角色：蝙蝠、火炮、砲彈、右旋、左旋

舞台：bluesky（遊戲中）、party（結束）

動作：A. 飛翔的蝙蝠

B. 以鍵盤調整火炮方向、射擊

C. 以肢體調整火炮方向

D. 以聲音發射火炮

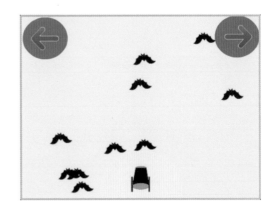

建立舞台背景（背景）

- 淡藍色的舞台：
  遊戲進行中使用，其他顏色亦可，只要不跟火炮射擊區內的灰色相同即可。

- 慶祝的舞台：
  遊戲結束時出現的舞台，射擊者請自行由Scratch 圖庫或網路搜尋適合的圖片。

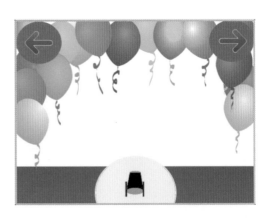

ⓒ 建立角色、造型

建立角色：砲彈

- 選個角色→選個角色→檔案：Ball

建立角色：蝙蝠

- 選個角色→選個角色→檔案：Bat

建立角色：火炮

- 選個角色→繪畫

    大小：60×60

    中心點：兩個輪軸的中心

    結果如右圖：

建立角色：左旋

- 選個角色→選個角色：Arrow1

    刪除造型：1、3、4

    自行加上圓形圖片底。

    大小：60×60

建立角色：右旋

- 將左旋圖片作橫向翻轉
    即為右旋圖片。

建立角色：火炮區

- 選個角色→繪畫

    大小：120×120

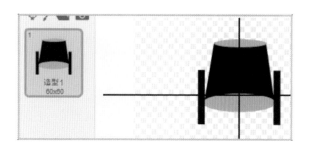

火砲的動作

火炮是用來發射砲彈的，發射砲彈之前必須先調整發射角度。

- 向左鍵←：調整火炮向左旋轉 15 度，最小角度 30
- 向右鍵→：調整火炮向右旋轉 15 度，最大角度 150

1 設定火炮起始狀態：
  定位、方向

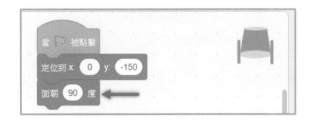

測試：

■ 面朝 0 度居然是向左
  與我們先前的認知：向上 0 度
  有很大出入！

2 修改指令參數：
  0 度→ 90 度

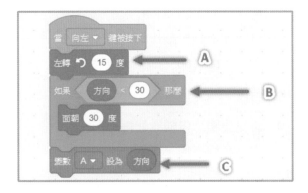

3 建立變數：
  A：Angle（火炮方向）

4 建立【向左鍵被按下】事件：
  A 向左轉 15 度（-15）
  B 最小角度為 30 度
  C 將方向傳給砲彈

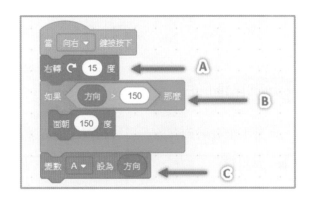

5 建立【向右鍵被按下】事件：
  A 向右轉 15 度（＋15）
  B 最大角度為 150 度
  C 將方向傳給砲彈

測試：

- 用向左鍵：←、向右鍵：→
  控制炮口方向
  旋轉範圍：30～150
  功能一切正常

砲彈的動作

按向上鍵 ↑ 就發射砲彈，當然是必須可以連續按 ↑ 連續發射才會過癮！既然是連續砲彈，那當然就是分身了！

砲彈由火砲發射出去，因此砲彈的方向就是火炮的方向。

1 選取角色：砲彈
2 設定起始狀態：定位

3 建立【當向上鍵被按下】事件：
   A 產生分身
   B 取得火炮的方向
   C 一直往前移動

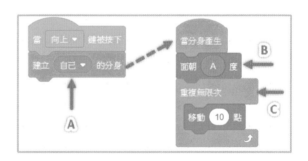

測試：

- 火炮方向與砲彈行進方向
  有 90 度差距

4 修正【當分身產生】事件：

    A 修正方向公式

    B 增加砲彈消失條件

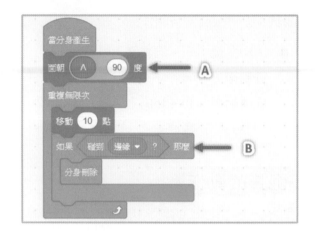

測試：

■ 連續按著向上鍵
   砲彈連續發射
   這樣的效果太誇張

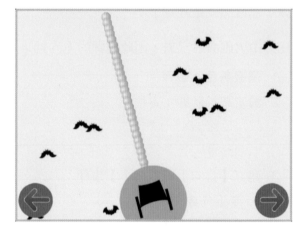

5 延緩發射速度
   插入【等待】指令
   如右圖：

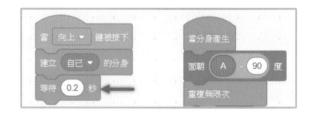

蝙蝠的動作

■ 分身：自行產生 30 個分身。

■ 飛行：蝙蝠在舞台上飛來飛去，飛行時變換造型。

■ 判斷：碰到邊緣就反彈、碰到火炮區就反彈、被砲彈打到就發出聲音、消失。

建立 30 個蝙蝠分身

1 選取角色：BAT

2 設定起始設定值

   A 定位：左下角

      不顯示

      縮小尺寸為：20%

3 建立分身

   B 重複產生 30 個分身

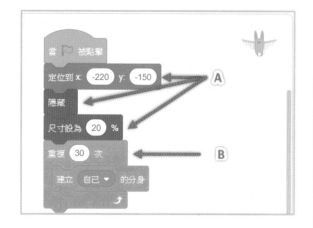

蝙蝠分身的飛行

1 【當分身產生】事件

2 設定方向：隨機取數：10 ～ 80 度

3 設定位置：X →隨機取數：-200 ～ 200、Y →隨機取數：0 ～ 150

4 顯示分身

> **說明** 面朝 10~80 度飛出，是希望避免有 0、90、180、270 等水平或垂直方向的飛行。

蝙蝠的移動與判斷

1 不斷地飛：

   A 不斷地 …

   B 飛舞、移動

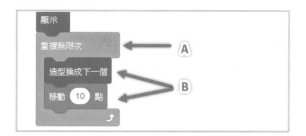

2 狀況處理：

　A 碰到【邊緣】→反彈

　B 偵測是否碰到【火炮區】

　C 反彈角度：右轉【180】度

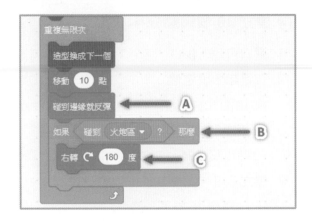

　　　說明　我們要的效果是：碰到火炮區就反彈！

【反彈】的自動功能只提供給【邊緣】，並無法用在角色上。

【方向】指的是本尊的方向，30 隻蝙蝠都是分身，但方向只有 1 個，因此無法利用

【方向】來計算反射角，這裡我們投機取巧使用【右轉 180 度】來模擬反彈，請注意效果還是不同的！

3 被砲彈打到：

　A 偵測是否被砲彈打到

　B 發出音效

　C 廣播訊息：kill

　D 刪除分身

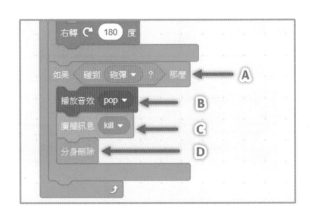

　　　說明　蝙蝠被火炮打到時就發出 kill 訊息是方便後續統計擊中的數目。

4 建立變數：C

　（Counter：計數器）

5 程式開始時：

　將計數器歸 0

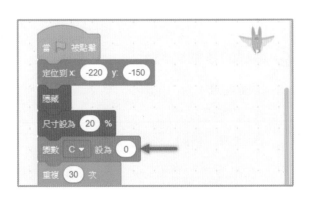

6 擊中蝙蝠處理程序

A 計數器 +1

B 判斷計數是否超過 20

C 變換舞台背景

D 遊戲結束

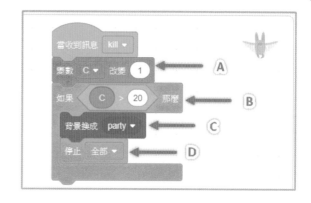

■ 測試：

蝙蝠產生速度太快、蝙蝠的飛行速度太快。

才擊中 2 隻蝙蝠就出現 party 舞台→遊戲結束

7 在建立分身下方

插入等待指令：0.2 秒

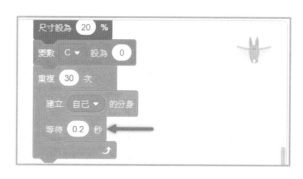

8 在【當分身產生】程式最下方：

插入等待指令：0.1 秒

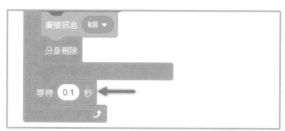

9 插入除錯指令

如右圖：

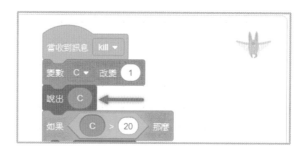

測試：

■ 只擊中一隻蝙蝠

但…所有的蝙蝠都被記錄中槍

這就是使用分身所帶來的小困擾

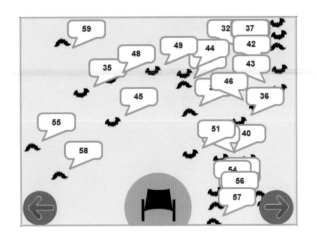

10 將蝙蝠的【當收到訊息：kill】程式

搬移至火炮區的程式區，並刪除測試指令

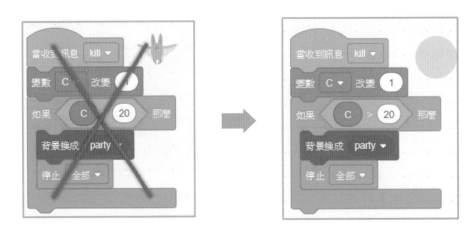

測試：

■ 方向正確了，但蝙蝠很難被殺死！

> 說明 砲彈程式區中：「砲彈碰到蝙蝠」刪除分身，會影響到 kill 訊息程序中擊落數
> 的計算，因此建議換一種寫法。

11 新增變數：K

Kill：發出殺死蝙蝠訊息

12 選取角色：火炮區

設定 K = yes（發出訊息）

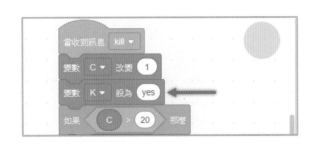

13 選取角色：砲彈

14 改寫砲彈消失條件：

A 增加【K＝yes】條件判斷

B 將「殺死蝙蝠訊息」刪除

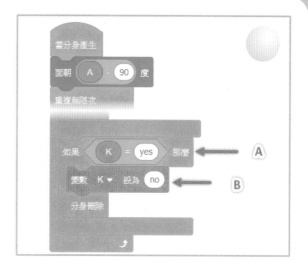

説明 寫程式是一種經驗的累積，測試程式時必須仔細觀察執行的過程與結果，每一種系統、程式語言都有自己特性、陷阱，因此必須靠經驗累積來克服。

體感設定

Scratch 對外的體感裝置有 2 個：攝影鏡頭、麥克風，分別用來感測：影像、聲音，攝影鏡頭一般情況下是關閉的，使用前必須先開啟，使用完畢後必須關閉，麥克風常態下就是開啟，因此使用上較為方便。

功能說明 25：體感裝置積木

體感裝置可用積木共有 4 個，如右圖：

A 動作大小事件：

　範圍：0～100

　當動作超過設定值即啟動事件

B 3 個選項：

　開啟：開啟攝影鏡頭

　關閉：關閉攝影鏡頭

　翻轉：鏡頭影像左右翻轉

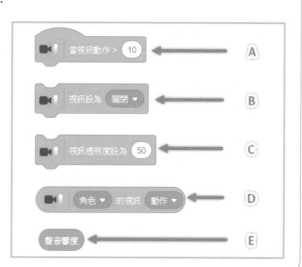

C 視訊透明度：

　　0：完全不透明→鏡頭影像非常清晰

　　100：完全透明→等於鏡頭沒開

D 2×2 個選項：

　　動作：量測動作幅度大小→ 0～100

　　方向：量測動作方向→ 0～360 度

　　這個角色：只針對角色的動作量或方向

　　舞台：針對整個舞台的動作量或方向

E 響度的值：0～100，聲音越大數值越大

我們將左旋、右旋設定為影像感測，用左右手搖擺來控制火炮的方向，將砲彈設定為聲音感測，用拍手的聲音或嘴巴發生來控制砲彈的發射。

ⓒ 左旋的動作

1 選取角色：左旋

　　開啟：攝影鏡頭

　　設定：影像透明度

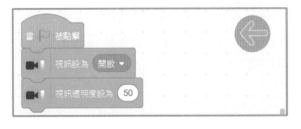

2 影像感測：

　　A 連續偵測

　　B 左旋上的動作量 ＞ 30

　　C 廣播訊號：向左

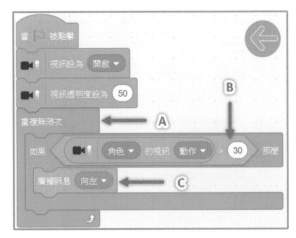

◎ 右旋的動作

1 選取角色：右旋
2 影像感測：
   A 連續偵測
   B 右旋上的動作量 > 30
   C 廣播訊號：向右

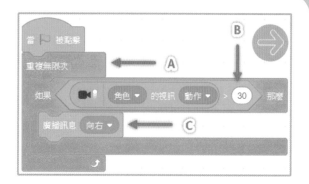

◎ 火炮的動作

1 選取角色：火炮
2 聲音感測：
   A 連續偵測
   B 麥克風收音量 > 10
   C 廣播訊號：射擊

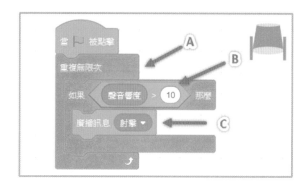

各個角色動作改良

◎ 火炮改良

控制火炮方向有 2 個來源：鍵盤、攝影鏡頭，我們改寫【當向左鍵被按下】事件。

■ 【當向左鍵被按下】事件改寫如下圖：
   如此就能同時處理：鍵盤、攝影鏡頭傳過來的【向左訊息】了！

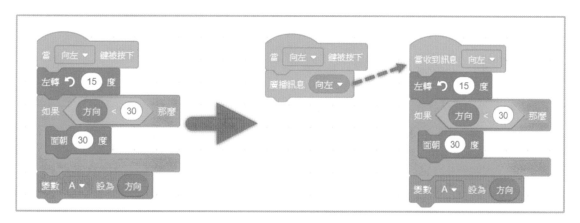

ⓒ 砲彈改良

砲彈發射有 2 個來源：鍵盤、聲音，我們改寫【當向上鍵被按下】事件。

- 【當向上鍵被按下】事件改寫如下圖：
  如此就能同時處理：鍵盤、麥克風傳過來的【向上訊息】了！

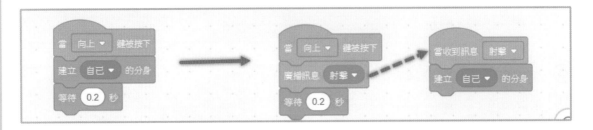

ⓒ 火炮區改良

我們擊中蝙蝠計數器是放在火炮區，遊戲結束指令是放在【當收到訊息：kill】。

1. 選取角色：火炮區
2. 在程式結束前
   插入關閉視訊指令

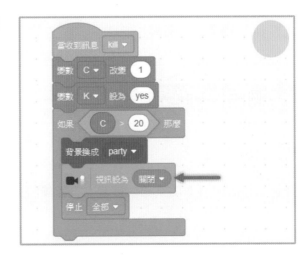

測試：

- 用右手揮舞右旋圖片

- 嘴巴發出聲音產生射擊

■ 完整 Bat 程式碼：

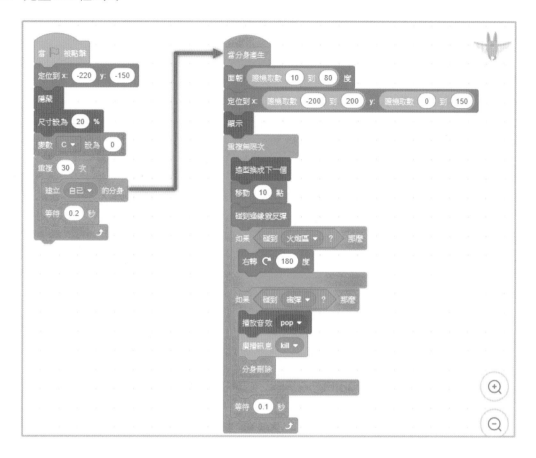

■ 完整 Ball 程式碼：

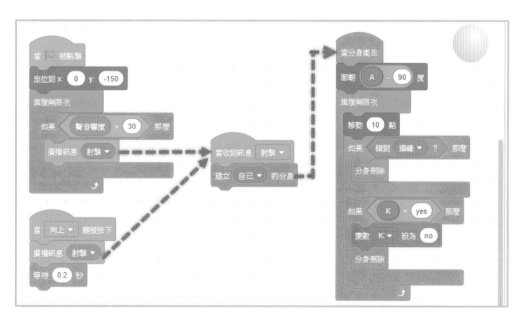

■ 完整火炮程式碼：

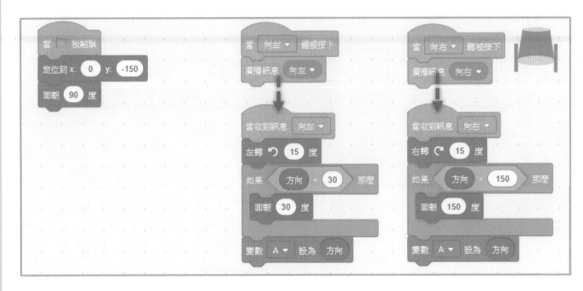

◎ 專案命名

NOTE

專案 12 物流配送模擬

簡化版模擬飛行

發想

A 模擬物流中心無人機配送商品到各大樓頂樓。

B 採取最簡單的直線飛行,不考慮撞大樓的因素。

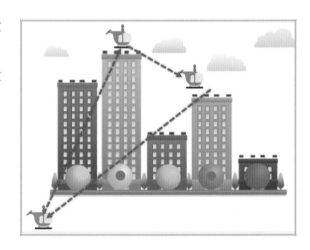

建立舞台背景

- 選個背景→上傳→檔案:…\pic\Building

建立角色、造型

- 直升機:

  選個角色→上傳

  檔案:…\pic\ 直升機

- 5 個圓球:

  由範例庫取得,複製為 5 個角色,大小:45×45

  每一個角色產生 2 個造型:

  造型 1 →原圖:未選取項目、造型 2 →原圖 + 中心紅點:已選取項目

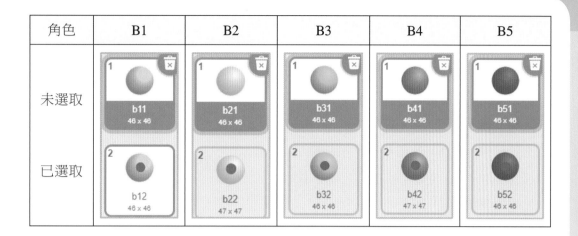

角色	B1	B2	B3	B4	B5
未選取	b11 46 x 46	b21 46 x 46	b31 46 x 46	b41 46 x 46	b51 46 x 46
已選取	b12 46 x 46	b22 47 x 47	b32 46 x 46	b42 47 x 47	b52 46 x 46

作業流程

A 操作者由 5 棟大樓下方【點選】需要發送貨物的大樓。

B 完成發送大樓選取後,【點選】直升機。

C 直升機逐一飛到已選取的大樓屋頂後,轉向,飛回停機坪,轉向。

預備動作

建立清單

■ 清單 X:停機坪及 5 棟大樓的【X 座標】必須先量測並記錄下來。

■ 清單 Y:停機坪及 5 棟大樓的【Y 座標】必須先量測並記錄下來。

■ 清單 B:記錄 5 棟大樓的【選取】與否。

1 量測 5 棟大樓的 x、y 座標

將滑鼠指標分別置於每一棟大樓的屋頂,再將舞台右下方所顯示的座標值記錄下來。

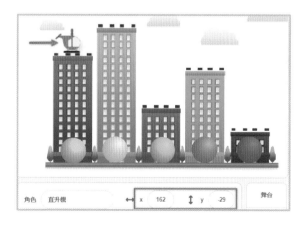

2 建立清單：

　　X：大樓 X 座標

　　Y：大樓 Y 座標

3 X、Y 清單各新增 5 筆紀錄

4 將 5 棟大樓的 X、Y 座標

　　依序輸入到 X、Y 清單內，如右圖：

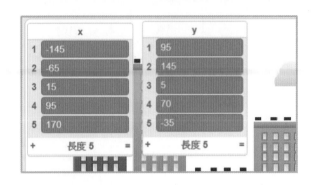

5 建立清單：B

　　新增 5 筆紀錄

　　全部輸入：0

　　（0：未選取、1：已選取）

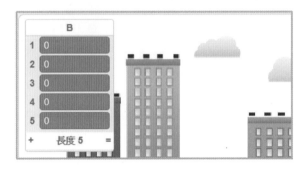

© 建立變數

1 建立變數：x0 → 停機坪 x 座標

2 建立變數：y0 → 停機坪 y 座標

3 建立變數：i1

　　i1 = 1 ~ 5 → x、y 清單紀錄指標

4 建立變數：i2

　　i2 = 1 ~ 5 → B 清單紀錄指標

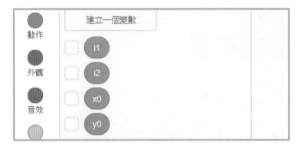

球的動作

5 個球動作都是一致的，未選取時顯示造型 1，被點選時顯示造型 2，並將點選結果記錄於 B 清單中。由於動作都是一致的，只有登錄 B 清單時紀錄位置不同而已，因此完成 B1 角色後→複製→更改設定即可。

© B1 動作 1：造型切換

1 系統開始→顯示造型：b11

2 被點選時作造型切換

　　（未選取→已選取→未選取→⋯）

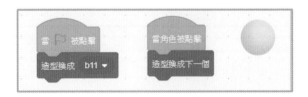

Ⓒ B1 動作 2：登錄點選結果

■ 將點選結果登錄至 B 清單：

  A 設定 B1 球：

    指向 B 清單第 1 筆紀錄

  B 如果：造型編號為 1

    → **C** 未選取：登錄 0

    否則：

    → **D** 已選取：登錄：1

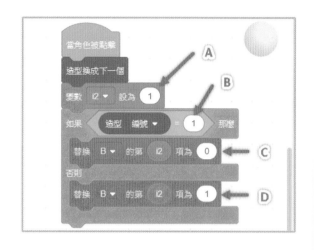

測試：

■ 點選第 2、5 棟大樓

  → B 清單第 2、5 筆資料為 1

Ⓒ B1 動作 3：複製程式

1 將 B1 的 2 支程式分別拖曳至 B2 角色方框內（複製程式）

2 重複步驟 4，將 2 支程式分別拖曳至角色：B3、B4、B5

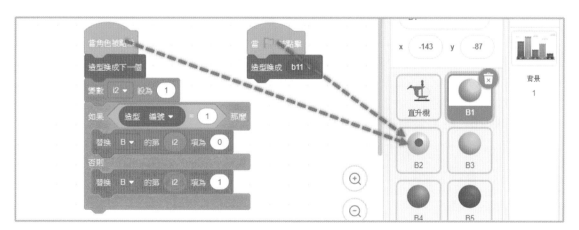

© 修改 B2、B3、B4、B5 程式

1 切換到 B2 程式

2 修改起始造型名稱：b21

3 修改紀錄指標 i2 設定值：2

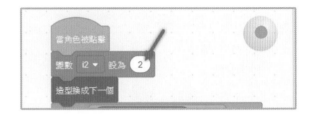

4 重複步驟 1～3

　　修改 B3 程式 → 起始造型名稱：b31、紀錄指標 i2 設定值：3

　　修改 B4 程式 → 起始造型名稱：b41、紀錄指標 i2 設定值：4

　　修改 B5 程式 → 起始造型名稱：b51、紀錄指標 i2 設定值：5

直升機動作

直升機要根據 B 清單的內容決定飛行定點，再根據 X、Y 清單內容決定位飛行點的 X、Y 座標。

© 動作 1：起始設定

1 設定起始值：

　A 迴轉方式

　B 起始方向

　C 起始位置：X、Y 座標

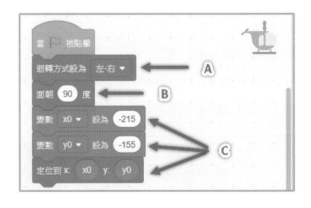

功能說明 26：使用變數的技巧

X、Y 座標為何不直接輸入數值，而要使用變數 x0、y0，是否多此一舉？

若某一數值會多次被使用到，利用變數會有 2 個優點：

　A 比較容記住。

　B 修改數值時，只需更改一次。

2 將 B 清單記錄值全部歸 0

　A 設定計數器

　B 重複結構

　C 更改清單資料

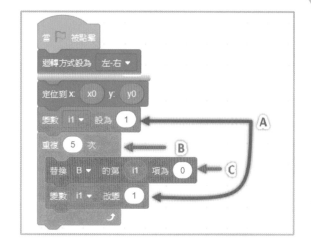

3 直升機螺旋槳轉動效果

　A 重複結構

　B 4 個造型輪流切換

　　（產生轉動效果）

　C 時間暫停

　　（配合轉動效果）

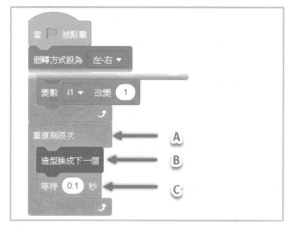

Ⓒ 動作 2：飛行

1 被點擊後開始飛行

　A 啟動計數器

　B 重複結構

　C 移動座標

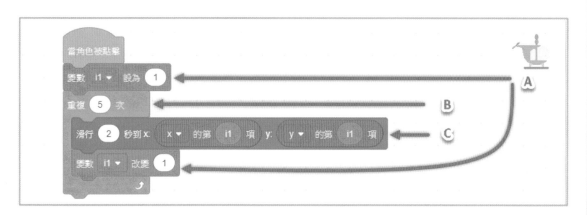

2 加入條件指令

→ A 只停留在已點選的目標

當角色被點擊
變數 i1 ▼ 設為 1
重複 5 次
　如果 〈 B ▼ 的第 i1 項 = 1 〉 那麼 ←
　　滑行 2 秒到 x: x ▼ 的第 i1 項 y: y ▼ 的第 i1 項
　　變數 i1 ▼ 改變 1

3 設定停駐時間

4 返航動作

A 直升機調頭

B 飛回基地

C 直升機調頭

D 設定停駐時間

E 結束程式

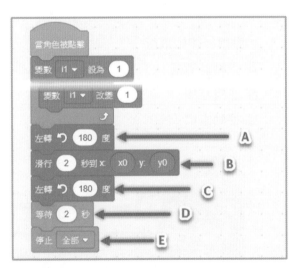

測試：

- 點選：1、3、5 棟大樓
  點選：直升機
  飛行路線如右圖：

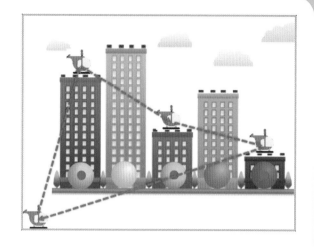

ⓒ 專案命名

Scratch Desktop

SCRATCH　⊕▾　　檔案　　編輯　　💡 教程　　12-物流配送-A

進化版模擬飛行

ⓒ 發想

將上一個版本做以下改良：

- **A** 每一層大樓高度由【隨機取數】作動態改變
- **B** 每一層大樓是否為飛行停駐點由【隨機取數】作動態改變，若為停駐點則發送訊號，直升機接收訊號便會降落。
- **C** 飛行時必須偵測樓層高度，不可產生撞樓的事件。

ⓒ 建立舞台背景

- 選個背景→上傳→檔案：…\pic\sun

ⓒ 建立角色、造型

A 直升機：

選個角色→上傳

檔案：⋯\pic\ 直升機 -B

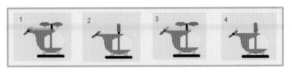

B 樓層：

選個角色→上傳

檔案：⋯\pic\ 樓層

C 微波信號：

選個角色→上傳

檔案：⋯\pic\ 微波信號

ⓒ 作業流程

A 隨機取號 → 決定直升機停駐點 → 訊號發射

B 飛機起飛 → 確定停駐點 → X 座標、Y 座標 → 飛行高度 →降落高度

C 決定飛行高度 → 返回停機坪

預備動作

ⓒ 建立清單資料

本單元為上一個單元的改良版，同時沿用
上一個單元的 3 個清單資料：

    X 清單：5 棟大樓的 X 座標

    Y 清單：5 棟大樓的 Y 座標

    B 清單：5 棟大樓是否接送貨物

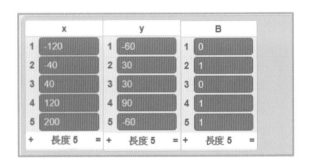

大樓的動作

ⓒ 動作 1：作業流程

A 基本設定：大樓的參考座標、每一棟間距、每一層樓高度

B 清除資料：清除前一次的大樓座標、送貨點紀錄（X 清單、Y 清單、B 清單）

C 蓋大樓：決定各棟樓層數、送貨與否

1 選取角色：樓層

2 建立 3 個積木，如右圖：

   A 基本設定

   B 清除資料

   C 蓋大樓

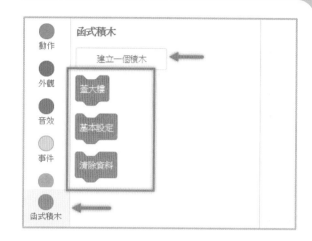

3 建立主程式，如右圖：

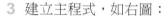 動作 2：基本設定積木

1 新增變數：

   Bx0：大樓 x 座標參考位置

   By0：大樓 y 座標參考位置

   w：每一棟大樓間距

   h：每一層樓高度

2 建立【基本設定】積木
   如右圖：

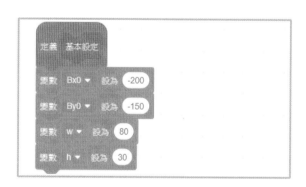

動作 3：清除資料積木

■ 建立【清除資料】積木
   如右圖：
   重複刪除 X、Y 清單內第 1 筆資料
   直到刪除所有紀錄

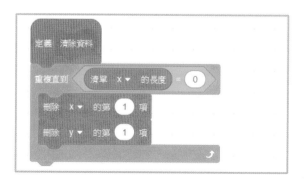

動作 4：蓋大樓積木

大樓變數規劃如下圖：

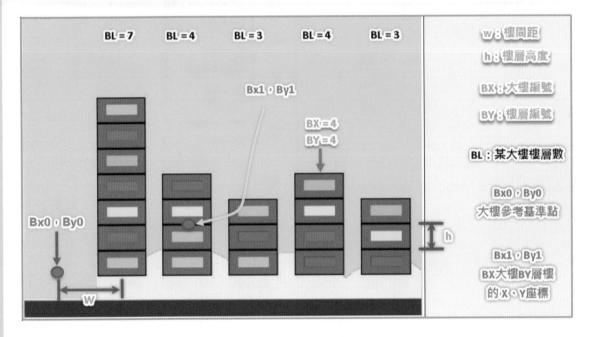

1 建立蓋大樓程式架構，如右圖：
　確定：5 棟大樓
　假設：每一棟大樓 8 層樓高度

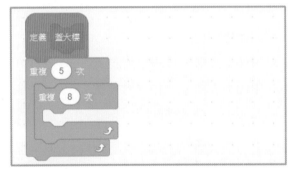

2 新增變數：
　Bx：棟數計數器
　By：樓層數計數器
3 插入計數器指令：
　A 棟數計數器
　B 樓層數計數器

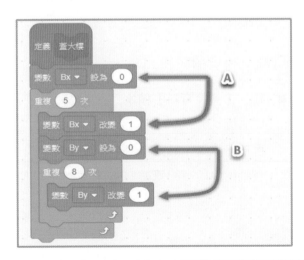

4 新增變數：

BL：樓層變數

（樓層數變動範圍：2～8）

5 變更樓層重複結構

A 隨機抽選每一棟大樓樓層數

B 更改樓層數：8 → BL

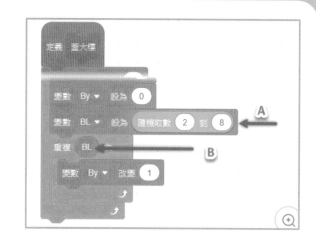

6 新增變數：

Bx1：樓層 X 座標

By1：樓層 Y 座標

7 插入各樓層座標計算公式

A 參考座標 x + 棟數 * 棟距

B 參考座標 y + 層數 * 樓高

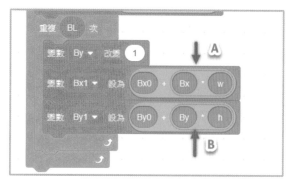

8 插入分身及設定指令

A 建立分身

B 挑選分身造型

C 定位分身

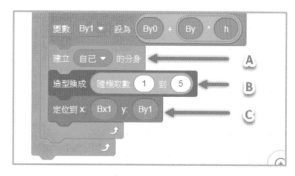

測試：

■ 產生 5 棟大樓

每一棟大樓：

樓層數不固定

顏色不固定

■ 本尊殘留在舞台上

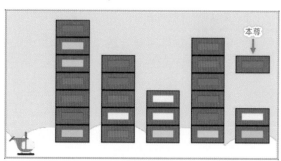

9 隱藏本尊、顯示分身

　　A 隱藏指令（本尊）

　　B 顯示指令（分身）

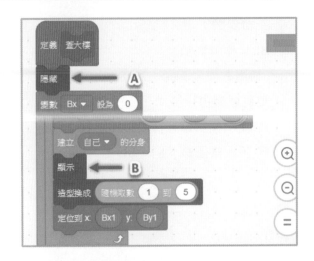

10 將每一棟樓最高樓層座標

　　加入：X 清單、Y 清單中

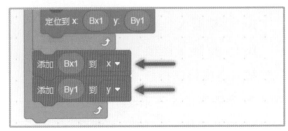

功能說明 27：清單新增資料

在清單中新增資料有 2 種方式：

　　A 添加：將資料附加於最後一筆。

　　　　因此不用指定新增位置。

　　B 新增項目：將資料插入指定的筆數位置。

---

11 插入廣播訊息【大樓完工】

　　如右圖：

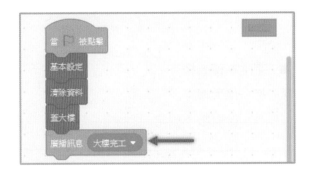

測試：

■ 5 棟大樓最高樓層座標

　　填入：X、Y 清單中

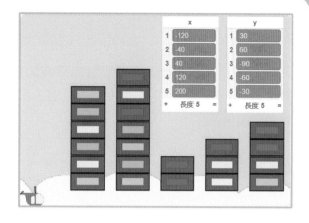

■ 大樓完整程式如下圖：

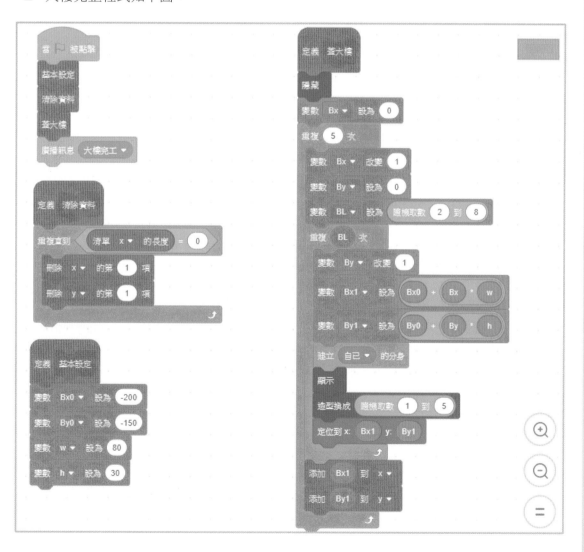

微波的動作

大樓完工後，接著就是大樓要發出微波訊號，某一棟大樓是否發出訊號是由【隨機取數】決定，訊號源設定在屋頂下方一層，訊號不斷向上發射，碰到視窗上邊界後由訊號源重新發射。

Ⓒ 動作 1：隨機產生 5 棟大樓訊號

1 設定微波起始狀態
  定位、隱藏，如右圖：

2 建立 WK 變數：大樓計數器
3 建立主程式架構
  5 棟大樓，如右圖：

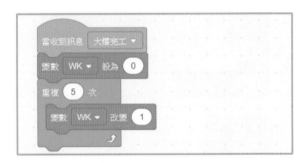

4 插入發射指令：
  A 隨機取數：0 不發射、1 要發射
    將隨機數存入 B 清單中
5 插入分身指令：
  B 分身建立

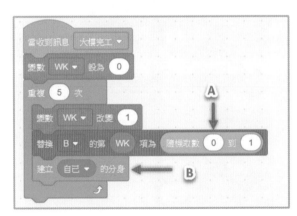

測試：

- B 清單資料異動

  右圖中第 1、2、5 大樓

  發出訊號

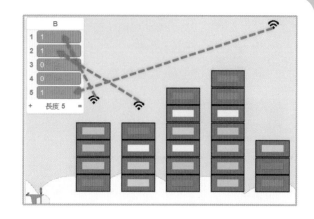

Ⓒ 動作 2：分身動作

1 由 X、Y 清單中取出微波發射位置

   指令如右：

> 說明 以大樓最高樓層 X、Y 座標，作為微波訊號發射的起始位置。

2 插入判斷指令：

   是否發射微波訊號？

   指令如右：

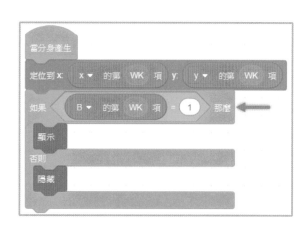

> 說明 由 B 清單取出大樓是否發送微波訊號資料，0：不發送、1：要發送。

3 訊號往上發射，指令如下：

   A 連續的

   B 向上移動

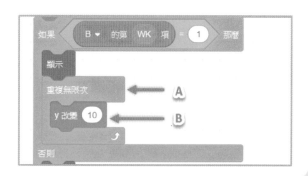

4 邊界判斷，指令如下：

A 偵測是否碰到邊界

B 重新定位至訊號發射源

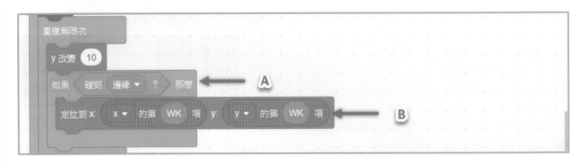

5 回到【當收到訊息大樓完工】事件
在程式最下方插入：
廣播訊息：【送貨點完成】
指令如右圖：

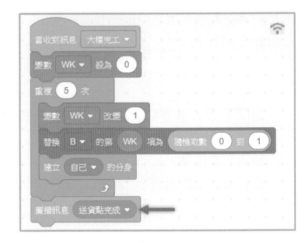

測試：

■ 第 1 輪微波訊號向上發射正常。

■ 第 2 輪之後：
微波訊號全部跑到最後一棟大樓

功能說明 28：變數適用範圍

上面的測試很顯然是邏輯錯誤所造成，因為第 1 輪是正常的，微波發射我們只使用 WK 變數，因此我們懷疑此錯誤是 WK 變數造成的。

我們有好幾棟大樓同時發射微波，WK 可以共用嗎？每一棟的發射位置都不同，只有一個 WK 變數不就互相干擾嗎？

一般情況下，我們新增變數都會採用系統預設：【適用於所有角色】，本範例中多個分身公用一個變數就會產生干擾，因此必須設定為：【僅適用當前角色】，如此一來，雖然只有一個變數，但所有分身的變數值就不會互相干擾。

當我們在舞台上顯示變數值時，可看出差別：

右上圖：WK【適用於所有角色】　　　　

右下圖：微波：WK【僅適用當前角色】

6 刪除 WK 變數

7 重新建立 WK 變數
　選取：僅適用當前角色

測試：

■ 所有微波發射都獨立運作正常

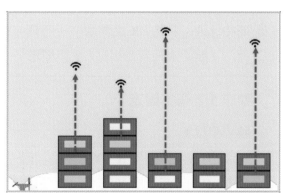

■ 微波訊號完整程式如下圖：

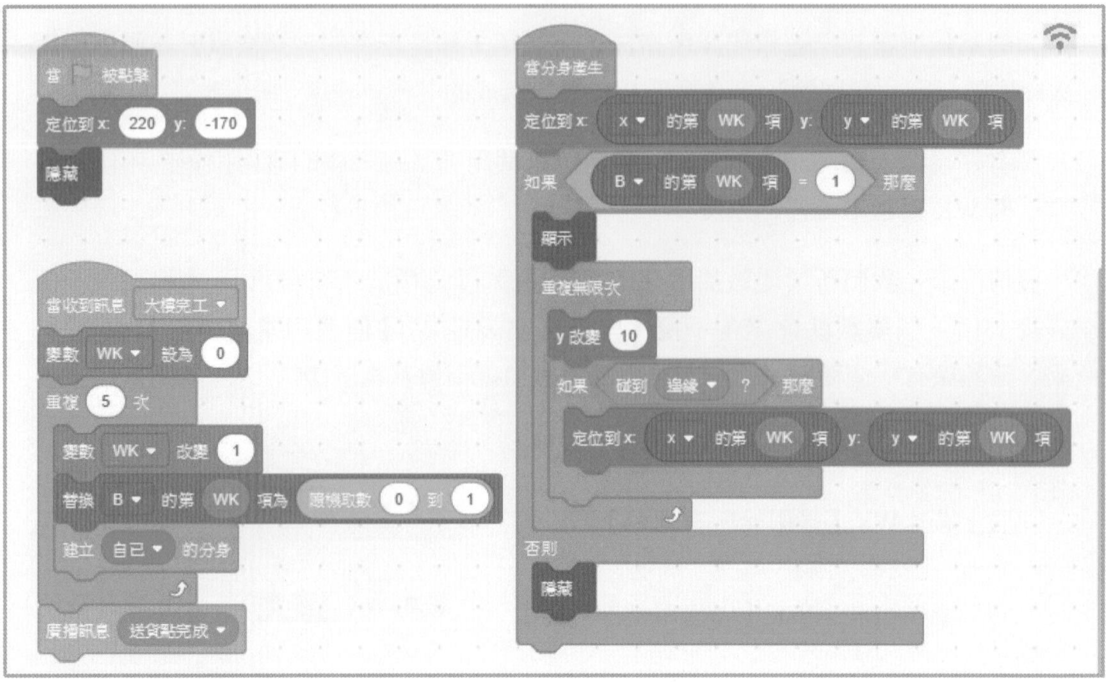

直升機的動作

微波訊號發射後，接著直升機就要飛出去，有訊號的大樓就要執行以下停駐動作：

A 下降並停於屋頂

B 顏色變淡

飛行時有 3 個不同的方式：

A 低往高飛：上升（Y 座標增）→ 右移（X 座標增）

B 高往低飛：右移（X 座標增）→ 下降（Y 座標減）

C 返　　航：上升到最高點（Y 座標增）→ 左移（X 座標減）→ 下降（Y 座標減）

ⓒ 動作 1：基本設定

1　建立變數：

　　Hpx、Hpy：停機坪 X、Y 座標

　　Hp0、Hp0：起飛點 X、Y 座標

　　Max：飛行最高高度

2 設定直升機起始狀態：

A 面向右邊

B 不會被其他角色覆蓋

C 不會上下翻轉

D 設定停機坪位置

E 指定停機坪位置為起飛點

F 清除上一次飛行最高高度紀錄

G 定位到停機坪

說明 上面的變數設定看起來有些多餘，是因為（Hpx，Hpy）既是起飛點，也是降落點。

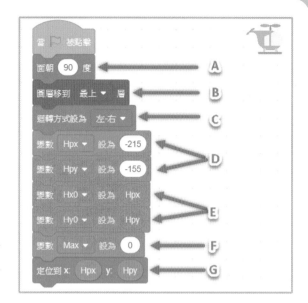

動作 2：螺旋槳動態效果

■ 建立【當收到訊息送貨點完成】事件
直升機啟動 → 螺旋槳轉動

說明 4 個造型輪換即可產生動態效果，間歇 0.1 秒可讓動態效果更自然。

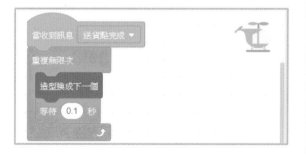

動作 3：飛行路徑、停駐

接收貨物的行程中有 5 棟大樓，因此有 5 段飛行路徑的每一段路徑都是：

行程	起飛點 (Hx0 , Hy0)	結束點 (Hx1 , Hy1)
1	停機坪	第 1 棟大樓
2	第 1 棟大樓	第 2 棟大樓
3	第 2 棟大樓	第 3 棟大樓
4	第 3 棟大樓	第 4 棟大樓
5	第 4 棟大樓	第 5 棟大樓

返航行程：

6	第 5 棟大樓	停機坪

1 起飛前必須先設定每一段行程的結束點，飛行結束後要將結束點設為下一次行程的起點。

2 每一段行程都必須判斷是否停駐：

　成立：下降　　否則：不下降

3 若必須停駐：

　成立：改變亮度，停駐 2 秒鐘

4 返航行程：飛到最高高度 →向左飛回停機機上方 → 降落

　因此必須在每一段行程中判斷是否為最高樓層並記錄

以上每一個動作我們都將獨立寫成一個積木，讓整個程式達到結構化，容易除錯，更容易了解！

1 建立變數：

　Hx1、Hy1：結束點 X、Y 座標

2 建立第 2 個

　【當收到訊息送貨點完成】事件

　→ 5 次重複架構

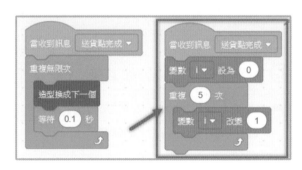

　　說明　Scratch 允許相同事件名稱並存，分別處理不同動作。

3 建立積木：

　A 積木：結束點設定

　B 積木：飛行路徑

　C 停駐特效

　D 最高高度設定

　E 起飛點設定 F 返航

　F 返航

4 插入積木指令如右圖：

5 插入停止程式指令

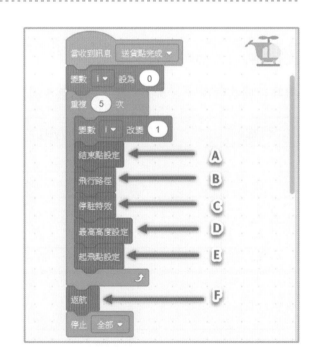

ⓒ 動作 4：建立各個積木

1 建立【結束點】積木

如右圖：

> **說明** Y 座標必須多加一層樓高度，因為樓層的中心點在底部。

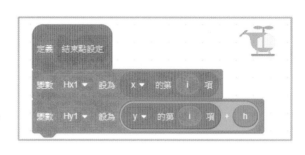

2 建立【飛行路徑】積木

A 低往高飛：向上→向右

B 高往低飛：向右→向下

如右圖：

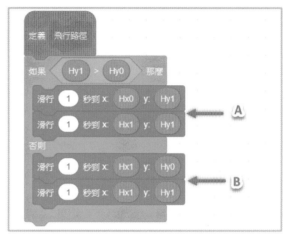

3 修正下降指令：

A 如果：沒有無微波訊號

B 成立：不下降

C 否則：要下降

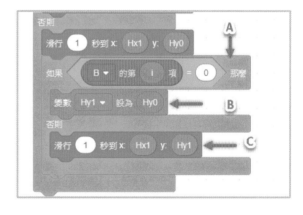

4 建立【停駐特效】積木

如果：有微波訊號

成立：改變角色亮度 2 秒鐘

如右圖：

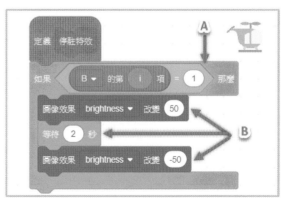

5 建立【最高高度設定】積木

  A 如果：目前高度比 Max 大

  B 成立：將目前高度存入 Max

  如右圖：

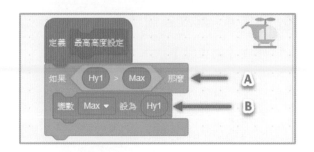

6 建立【起飛點設定】積木

  如右圖：

7 建立【返航】積木

  如右圖：

  A 直升機轉向

  B 向上飛到最高高度

  C 向左飛到停機坪上方

  D 下降至停機坪

  E 直升機轉向

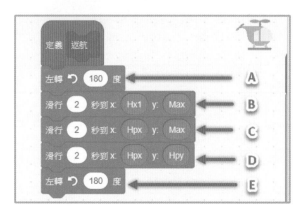

測試：

■ 直升機依據樓層高度爬升或下降
  根據訊號發射決定是否停駐
  停駐時亮度產生變化
  返航時先飛至最高高度

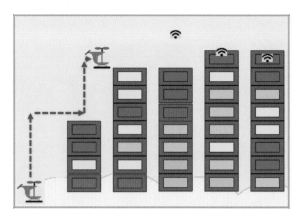

■ 直升機完整程式如下圖：

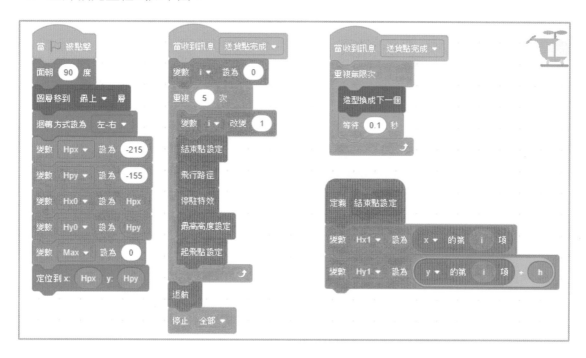

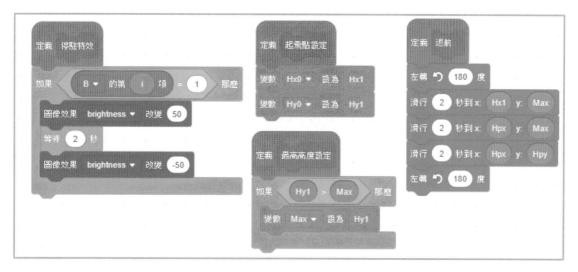

ⓒ 專案命名

NOTE

3 PART

結合 TELLO 無人機

» 程式操控無人機

» TELLO 無人機

» 物流配送模擬

» 無人機飛行程式碼

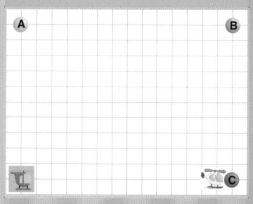

```
當角色被點擊
速度 110
起飛
等待 5 秒
上升 50
等待 5 秒
變數 P ▼ 設為 1
重複 4 次
    順時針旋轉 f-A ▼ 的第 P 項
    等待 5 秒
    前進 f-L ▼ 的第 P 項
    等待 f-L ▼ 的第 P 項 / 100 + 2 秒
    變數 P ▼ 改變 1
Flip forward ▼
等待 5 秒
Flip back ▼
等待 5 秒
降落
```

TELLO 初體驗

Kittenblock

Scratch 2.0 可以由功能表匯入 TELLO 飛行積木，但 Scratch 3.0 尚未提供此功能，因此我們要借助 Scratch 系統的延伸產品：Kittenblock。

Kittenblock 是基於 MIT 和 Google 團隊共同開發的 Scratch 3.0 代碼進行二次開發的圖形化編程軟體，幫助 Scratch 用戶以更簡單的方式學習 Arduino 電子平台的電子以及機器人知識，對於 TELLO 無人機更提供標準連結介面，作業程序簡化不少。

ⓒ 軟體下載與安裝

1　下載 kittenblock

　　搜尋：kittenbot.cc

　　選取：第一個官網 KittenBot

　　說明 bot 是英文單詞 robot 的簡寫，也就是略語。而 robot 的意思就是：機器人。

2　選取：Software

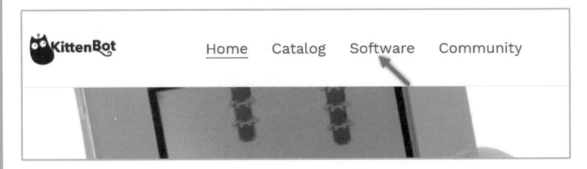

3 選取：Windows 版本

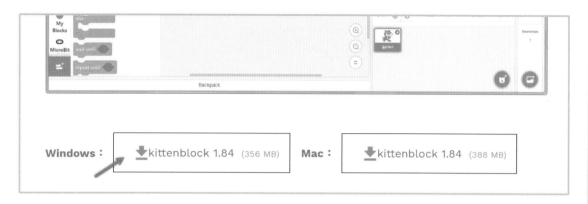

4 開啟檔案總管
切換到下載區
執行：kittenblock Setup 1.8.4 程式

> 說明 筆者下載的是 1.8.4 版，若是你安裝的是佑全電腦所提供的 1.8.3 版，TELLO 無人機已經訂定在系統中，不需要也無法執行「添加擴展」選項，飛行動作也會少了「空翻」。

■ 完成軟體安裝後
桌面出現捷徑如右圖：

■ Kittenblock 與 Scratch 3.0 的操作介面幾乎是完全一樣的
但在視窗左下角的「添加擴展」鈕中，可以加入 TELLO 飛行積木

ⓒ 開啟 Tello-WiFi 連線

每一部無人機都有自己的獨立編號,在電
池的插入孔可以看到廠商貼的小紙條,上
面的編號就是該機子的 WIFI 連線編號,
建議將此編號寫在機身上,平常管理、識
別都會方便許多!

- 開啟 TELLO 無人機電源
  (攝影鏡頭旁的燈號會閃爍)

- 點選：電腦上的網際網路存取
  看到 TELLO 無人機編號
  如右圖：ABBB1B

- 點選：自動連線
  點選：連線

  說明 連線過程中，TELLO 無人機的訊號燈會不斷變換顏色。

- 成功連線如右圖：

  說明 長時間閒置、更換電池、重啟電源後，都必須重新執行 WIFI 連線動作。

kittenblock 飛行積木

ⓒ 加入 TELLO 積木

1 開啟 kittenblock
2 點選視窗左下角：添加擴展

3 選取第一個項目：添加擴展

4 設定擴充元件：

A 輸入網址：

https://github.com/KittenBot/s3ext-
tello

B 顯示出擴充無人機照片

C 點選：下載更新鈕

Load Extension URL

https://github.com/KittenBot/s3ext-tello

Ⓐ

Ⓑ

Tello

Ⓒ

■ 完成上面的下載更新後
系統會自動重新啟動

再次開啟：添加擴展
可以看到最後一個項目：TELLO

■ 點選：TELLO 後
出現 TELLO 飛行積木畫面
如右圖：

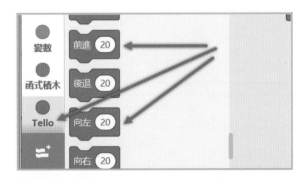

■ 完整飛行積木共 14 個，分類如下：

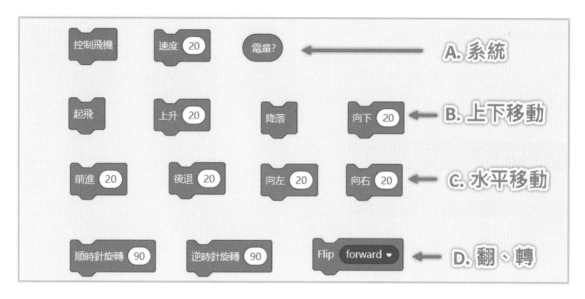

說明 指令中的參數解釋如下：

距離：單位為公分，最大值 500 = 500 公分 = 5 公尺。

注意！若飛行距離為 10 公尺，就必須下 2 次飛行 5 公尺的指令。

旋轉：角度，一個圓周：360 度。

ⓒ 設定 kittenblock 與 TELLO 連線

前面我們已經建立筆電與 TELLO 做連線，現在我們要在 Kittenblock 中開啟此連線。

1 確認 TELLO 還處於作用狀態
（沒有進入休眠）

2 確認筆電與 TELLO 的連線沒問題

3 設定與 TELLO 的連結

   A 選取：沒有找到硬體

   B 選取：TELLO

   C 選取：沒有連結

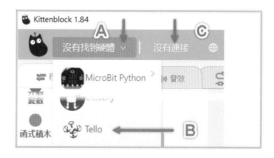

4 選取：開始連線

以程式控制飛行流程

✔ 第一個飛行程式：按鍵控制

我們將利用以 9 宮格數字鍵盤，來控制 TELLO 的 9 個飛行指令：

- 控制飛行第一個指令一定是：
  控制飛機

- 9 個飛行動作鍵盤對照圖
  如右：

7 起飛	8 前進	9 降落
4 向左	5 Flip	6 向右
1 左旋	2 後退	3 右璇

> **說明** Flip 是空翻的意思，這個積木提供有 4 個空翻選項：
> Forward：前空翻、Back：後空翻、Left：左空翻、Right：右空翻

■ 建立完整指令如下圖：

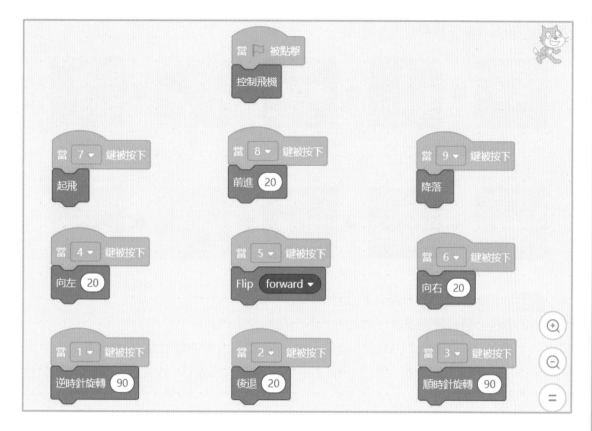

測試：

■ 按 旗標 鈕：程式開始執行，取得 TELLO 控制權

■ 按 7 鍵：TELLO 垂直飛起

■ 按 5 鍵：空翻（前空翻）

■ 按 1 鍵 → 逆時針選轉 90 度

■ 按 3 鍵 → 順時針選轉 90 度

■ 按 9 鍵 → TELLO 垂直降落

第二個飛行程式：固定飛行路徑、動作

■ 飛行路徑及動作規劃如下：

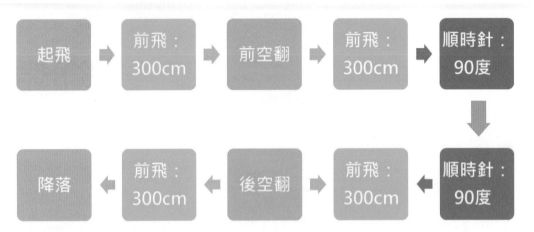

> **說明** 設計飛行動作時請特別注意！

每個動作必須確實完成後，才能進行下一個動作，例如：

第一個動作：【起飛】，假設【起飛】動作需要 3 秒鐘才能完成，我們下指令時就必須在【起飛】指令後，加上一個【等待：3 秒】的指令，才能往下做第 2 個動作【前飛：300】。

如果【飛行動作】之間沒有足夠的等待時間，中間的步驟將會被直接略過！

建立飛行專案

1　建立新專案

2　選取連結物件：TELLO

　　選取連線：192.168.10.1

3　建立飛行程式基本動作

　　控制飛機、起飛、降落

> **說明** 每一個動作之前先等待 5 秒，讓前一個動作確實完成。

4 加入動作：前進 300cm →前空翻→前進 300cm →順時針選轉 90 度

5 加入動作：順時針選轉 90 度→前進 300cm →後空翻→前進 300cm

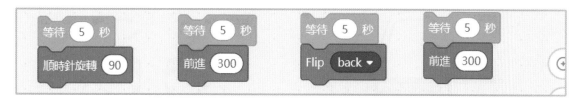

6 將每一個飛行動作依序堆疊
如右圖：

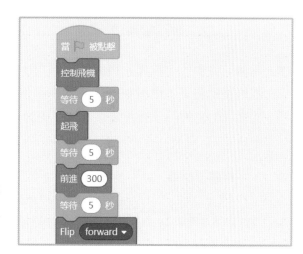

  說明 觀察每一個飛行是否正確執
行，若某些飛行動作被略過，表示等
待時間不足，必須增加等待秒數！

ⓒ 儲存專案

■ 選取：項目→保存項目：13- 固定飛行路徑

◎ TELLO 無人機操作注意事項

- 本課程所建議的 TELLO 無人機是一款室內機,一般會讓學生在教室中練習飛行,飛機若發生以下狀況:撞牆、撞屋頂、掉落在桌椅間,飛機的葉片便容易受損脫落,因此建議加裝如下圖的球形保護罩或槳葉保護罩。

- 槳葉掉落後,一般而言再裝回去即可,但是要注意到槳葉有:正槳、反槳的差別,若位置搞錯了,飛機在起飛時就會產生槳葉正常轉動、卻無法飛起的情況,正槳上面靠近中心的部分有圓弧線,請仔細看!

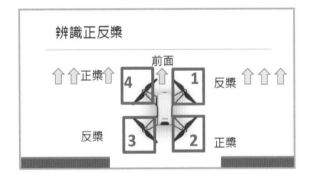 

- 飛機降落時,請學生以手掌當停機坪,以免撞到桌椅,但由於 TELLO 無人機是依靠機腹的距離感測器來進行降落動作,因此以手掌接飛機時,手掌就定位後必須靜止不動,若手掌向上移動,飛機也會向上飛,就無法順利接飛機。

NOTE

無人機物流配送

專案企劃

◎ 發想

以 kittenblock 作無人機物流運送點模擬飛行，儲存模擬路徑後讓 TELLO 無人機作實地飛行。

◎ 建立舞台背景（背景）

- 選個背景→選個背景
  檔案：Xy-grid-30px（方格背景）

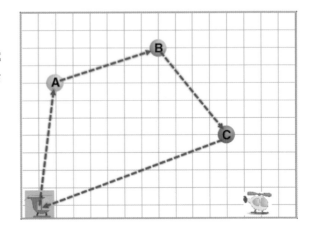

◎ 建立角色、造型

模擬直升機

- 選個角色→上傳
  檔案：…\pic\ 模擬直升機
  2 個造型如右圖：

TELLO 直升機

- 選個角色→上傳
  檔案：…\pic\TELLO 直升機

物流點：A、B、C

- 選個角色→選個角色
  檔案：Ball
  在圓球上加上英文字母
  大小：30×30

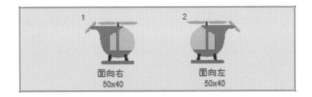

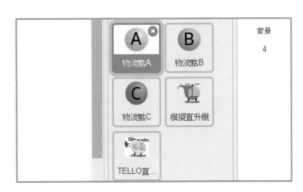

作業流程分析

物流點設定程序

程式開始時，A、B、C 三個物流點定位至 3 個角落，操作者可以拖曳改變 3 個物流點的位置，系統會自動修正：物流點位置將精準調整至方格的交叉點上。

- 重點工作：
  - A 偵測 A、B、C 三個物流點的拖曳位置
  - B 將飛行點的 X、Y 座標記錄於清單 X、清單 Y

模擬飛行程序

- 點選：模擬直升機 → 直升機飛行，路徑：停機坪→ A → B → C →停機坪
- 重點工作：
  - A 飛機的造型：向右就採用造型 1，向左採用造型 2
  - B TELLO 無人機積木指令並不提供【定位於 X： Y：】的功能，因此必須將 X、Y 座標轉換為：飛行的角度 + 距離
  - C 將每一段航程飛行距離記錄於：f-L 清單（fly-Length）
    將每一段航程飛行角度記錄於：f-A 清單（fly-Angle）

TELLO 無人機實體飛行

根據 f-L 清單、f-A 清單作 TELLO 無人機實體飛行。

物流點 A、B、C 偵測

我們假設黑貓物流公司在台北市佈置密集的物流點，每 300 公尺距離就設一個點，呈棋盤式排列，如本專案舞台佈置。

我們以拖曳方式變更物流運送點位置，拖曳時操作者很難精確的拖曳至交叉點上，因此我們要利用程式技巧作自動修整。

Ⓒ 物流點 A

1 選取角色：物流點 A

　點選：程式標籤

2 建立程式主架構

　如右圖：

> **說明** 將流點 A 定位至左上角。
> 利用【重複直到】指令，不斷地測試物流點 A 是否有異動！
> 請注意！目前【條件】參數保持空白，後面我們會做修正。

3 建立變數：

　tx：修正後物流點 A 的 X 座標

　ty：修正後物流點 A 的 Y 座標

> **說明** 物流點 A、B、C 都必須進行精準定位，定位座標變數 tx、ty 必須是獨立的，否則會互相干擾，因此建立變數時必須指定：【僅適用當前角色】。

4 插入精準定位指令：

　A X、Y 軸座標計算公式

　B 重新定位

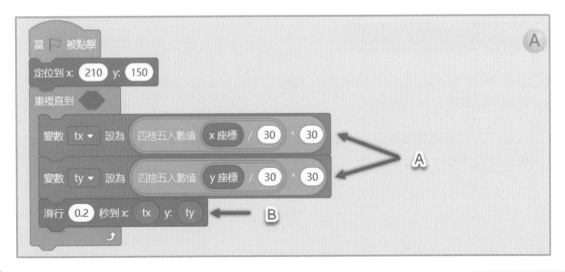

> **說明** 將 x 座標除以 30，四捨五入後取整數的概念：

A. 30 周圍的數字 (16，17，18，....30，31，32，...44)，除以 30 取四捨五入後都等於 1。

B. 1×30 = 30

如此便可以將 30 周圍的數字全部修正為 30。

請特別注意！

最後一列指令本範例在 Scratch 2.0 版中是使用【定位到】，但升級到 3.0 版時卻無法達到預期的效果，但改採功能相似的【滑行…到】指令後，功能就可正常了！

5 建立 X 清單、Y 清單

新增 5 筆資料

如右圖：

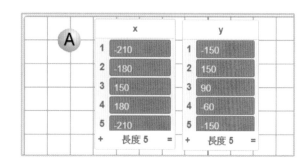

> **說明**

紀錄 1：停機坪 → 舞台左下角位置　　紀錄 2：物流點 A → 舞台左上角位置

紀錄 3：物流點 B → 舞台右上角位置　　紀錄 4：物流點 C → 舞台右下角位置

紀錄 5：停機坪 → 舞台左下角位置

6 插入指令如右圖：

將調整後 X、Y 座標

存入 X、Y 清單中第 2 筆紀錄

Ⓒ 物流點 B、C

物流點 B、C 與物流點 A 的動作都是一樣的，因此複製程式後小小修改一下即可！

1 複製物流點 A 程式至物流點 B、物流點 C

　A 選取角色：物流點 A

　B 將物流點 A 程式拖曳複製到角色物流點 B

　C 將物流點 A 程式拖曳複製到角色物流點 C

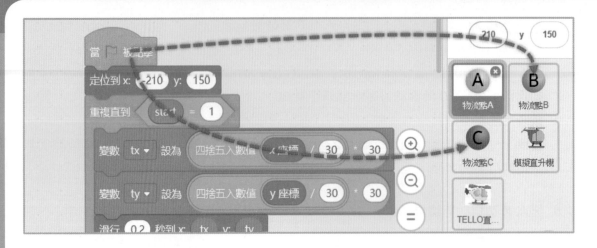

2 選取角色：物流點 B

修改指令如右圖：

A 更改物流點 B 位置

B 將更新後座標存至第 3 筆紀錄

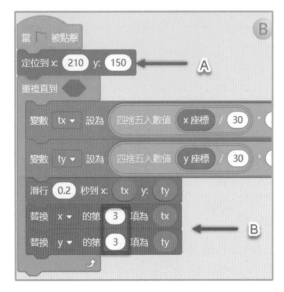

3 選取角色：物流點 C

修改指令如右圖：

A 更改物流點 C 位置

B 將更新後座標存至第 4 筆紀錄

說明 A、B、C 物流點都在無窮盡的重複指令中一直跑…，雖然程式邏輯沒有錯，但不太健康，我們希望按下模擬直升機角色時能讓 A、B、C 物流點停止偵測。

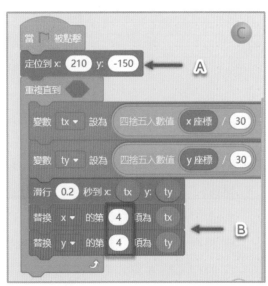

模擬直升機動作

起始設定

1. 選取角色：模擬直升機
2. 建立程式，如右圖
   設定：起始造型
   設定：起始位置

飛行程式主架構

1. 新增變數：

   P：飛行狀態控制參數
2. 建立【飛行路徑】積木
3. 建立飛行程式主架構

   如右圖：

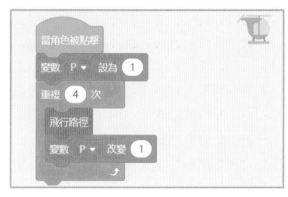

> **說明**
>
> P = 0 → 設定物流點 A、B、C 位置
>
> | | |
> |---|---|
> | P = 1 → 停機坪 → 物流點 A | P = 2 → 物流點 A → 物流點 B |
> | P = 3 → 物流點 B → 物流點 C | P = 4 → 物流點 C → 停機坪 |

飛行路徑積木

1. 建立變數：

   x0、y0：飛行起始點

   x1、y1：飛行結束點
2. 由 X、Y 清單取出 X、Y 座標

   紀錄 P+0：飛行起始點

   紀錄 P+1：飛行結束點
3. 由起始點飛至結束點

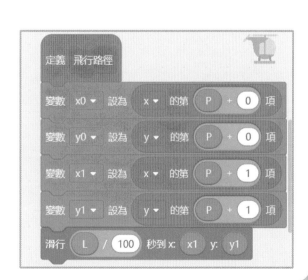

使用滑行是為了產生【連續移動】的感覺，L/100 是用來控制飛行速度。

4 在滑行指令上方插入判斷指令：

A 如果：向右移動（x1 > x0）

B 成立：造型：面向右邊

C 否則：造型：面向左邊

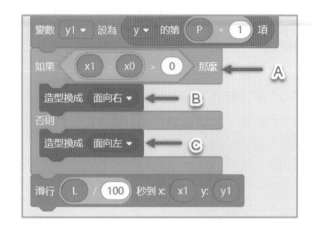

若省略本步驟，會發生倒著飛的尷尬情況。

5 建立變數：

dx：X 軸變化量

dy：Y 軸變化量

6 在滑行指令下方插入距離、角度計算指令：

A X 軸位移量   D 飛行角度

B Y 軸位移量   E 將飛行角度存入 f-A 清單中

C 飛行距離   F 將飛行距離存入 f-L 清單中

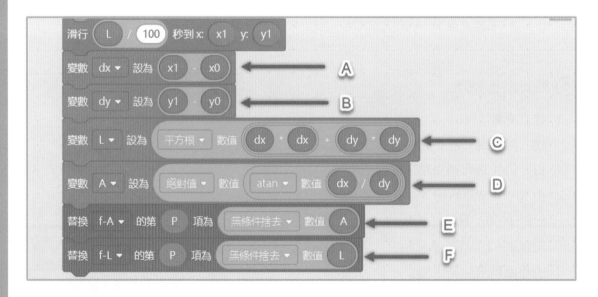

系統小修正

◎ 飛行程式主架構修正

■ 飛機返航後的處理
  A 飛機轉向→面向右
  B 停止程式

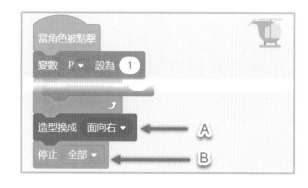

◎ 物流點 A、B、C 停止偵測

當模擬直升機被點選後，飛機開始飛行就應該停止物流點的改變，因此點選後直升機角色應該發出訊息【起飛了】，物流點 A、B、C 收到訊息後就應該停止偵測。

1 建立變數：
  start：起飛與否控制參數

2 在【起始】程式中
  插入 start ＝0（尚未起飛）

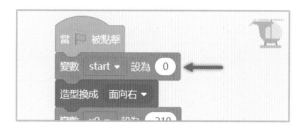

3 在【當角色被點擊】程式中
  插入 start ＝ 1（已經起飛）

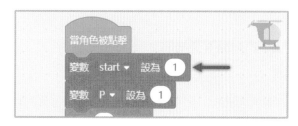

4 選取角色：物流點 A
  插入重複條件
  如右圖：

5 選取角色：物流點 B
插入重複條件
如右圖：

6 選取角色：物流點 C
插入重複條件
如右圖：

■ 物流點 A 完整程式：

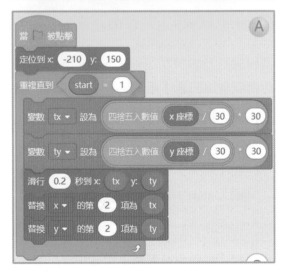

■ 物流點 B 完整程式：

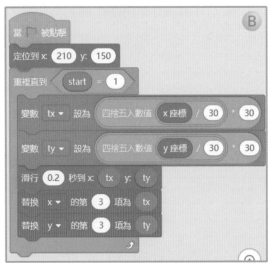

■ 物流點 C 完整程式：

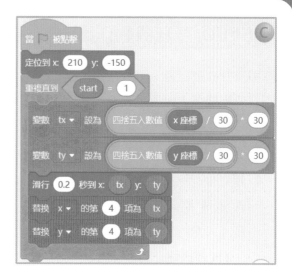

■ 模擬直升機完整程式：

```
當 ▶ 被點擊
變數 start ▼ 設為 0
造型換成 面向右 ▼
變數 x0 ▼ 設為 -210
變數 y0 ▼ 設為 -150
定位到 x: x0 y: y0


當角色被點擊
變數 start ▼ 設為 1
變數 P ▼ 設為 1
重複 4 次
    飛行路徑
    變數 P ▼ 改變 1
造型換成 面向右 ▼
停止 全部 ▼


定義 飛行路徑
變數 x0 ▼ 設為 x ▼ 的第 P + 0 項
變數 y0 ▼ 設為 y ▼ 的第 P + 0 項
變數 x1 ▼ 設為 x ▼ 的第 P + 1 項
變數 y1 ▼ 設為 y ▼ 的第 P + 1 項
如果 x1 - x0 > 0 那麼
    造型換成 面向右 ▼
否則
    造型換成 面向左 ▼
滑行 L / 100 秒到 x: x1 y: y1
變數 dx ▼ 設為 x1 - x0
變數 dy ▼ 設為 y1 - y0
變數 L ▼ 設為 平方根 ▼ 數值 dx * dx + dy * dy
變數 A ▼ 設為 絕對值 ▼ 數值 atan ▼ 數值 dx / dy
替換 f-A ▼ 的第 P 項為 無條件捨去 ▼ 數值 A
替換 f-L ▼ 的第 P 項為 無條件捨去 ▼ 數值 L
```

TELLO 直升機動作

模擬直升機飛行後,將飛行角度儲存於 f-A 清單、並將飛行距離儲存於 f-L 清單,再來我們就要根據這 2 份清單資料,讓 TELLO 無人機完成物流點配送任務。

© 起始設定

1 建立飛行程式基本架構

    A 起飛 + 降落

    B 4 段飛行:

        (1) 停機坪→物流點 -A

        (2) 物流點 -A →物流點 -B

        (3) 物流點 -B →物流點 -C

        (4) 物流點 -C →停機坪

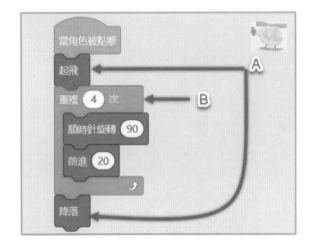

2 插入飛行資料

    A 插入計數器指令

    B 由 f-A 取得飛行角度

    C 由 f-L 取得飛行距離

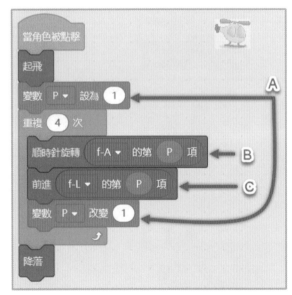

3 調整飛行動作

 A 起飛後再往上提升 50cm

 B 降落前作前空翻特技

 C 前空翻後作後空翻特技

■ Flip：空翻

 Forard：往前

 Back：往後

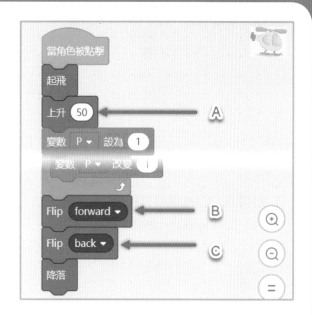

4 在每一個飛行動作之後
 插入【等待 3~5 秒】

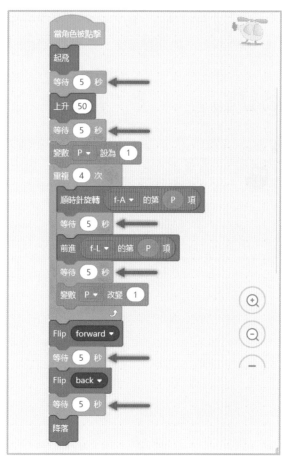

> 說明 大多數的飛行動作都是 3 秒內可以完成，只有飛行距離這個項目所需的時間與飛行距離有關，為了免於失誤，我們設定為 5 秒鐘。

5 設定飛行速度

插入設定指令如右圖：

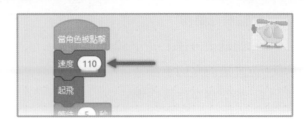

設置速度 110：每秒鐘飛行 110cm。

6 根據飛行距離調整等待時間

修正等待指令如右圖：

飛行速度 110，但我們保守一點，上面公式只除以 100，另外加上 2 秒是作為機械動作的延遲緩衝，這樣更保險一點。

Ⓒ 專案命名

Scratch 3.0 多媒體遊戲設計&
Tello 無人機

作　　者：林文恭 / 吳進北
企劃編輯：郭季柔
文字編輯：江雅鈴
設計裝幀：張寶莉
發 行 人：廖文良

發 行 所：碁峰資訊股份有限公司
地　　址：台北市南港區三重路 66 號 7 樓之 6
電　　話：(02)2788-2408
傳　　真：(02)8192-4433
網　　站：www.gotop.com.tw
書　　號：AEE019900
版　　次：2020 年 04 月初版
建議售價：NT$360

國家圖書館出版品預行編目資料

Scratch 3.0 多媒體遊戲設計&Tello 無人機 / 林文恭, 吳進北著.
-- 初版. -- 臺北市：碁峰資訊, 2020.04
　面；　　公分
ISBN 978-986-502-460-4(平裝)
1.電腦動畫設計 2.電腦程式設計 3.多媒體 4.電腦遊戲
312.8　　　　　　　　　　　　　　　　109003344